新编

妙手烘焙

3600 例

彭依莎 主编

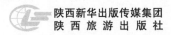

陕西新华出版传媒集团

陕西旅游出版社

图书在版编目（CIP）数据

新编妙手烘焙 3600 例 / 彭依莎主编. — 西安：陕西旅游出版社，2018.9
ISBN 978-7-5418-3596-4

Ⅰ．①新… Ⅱ．①彭… Ⅲ．①烘焙－糕点加工 Ⅳ.①TS213.2

中国版本图书馆 CIP 数据核字 (2018) 第 008867 号

新编妙手烘焙 3600 例　　　　　　　彭依莎 主编

责任编辑：贺　姗
摄影摄像：深圳市金版文化发展股份有限公司
图文制作：深圳市金版文化发展股份有限公司
出版发行：陕西旅游出版社（西安市唐兴路 6 号　邮编：710075）
电　　话：029-85252285
经　　销：全国新华书店
印　　刷：深圳市雅佳图印刷有限公司
开　　本：720mm×1016mm　　　1/16
印　　张：22
字　　数：250 千字
版　　次：2018 年 9 月　　第 1 版
印　　次：2018 年 9 月　　第 1 次印刷
书　　号：ISBN 978-7-5418-3596-4
定　　价：39.80 元

Contents 目录

[Part 3]
松软面包篇

Part 4
丝滑蛋糕篇

Part 5
香甜点心篇

Part 1

基础篇

西点以其美味和精致造型，曾经点缀在巴黎、维也纳等欧洲名城的露天咖啡馆中，如今因其制作过程简化，西点也出现在越来越多的家庭中。爱上烘焙，制作烘焙，首先从基础做起。各式美味的西点，离不开原料与工具的完美结合以及娴熟的手法。

01 小小工具篇

　　在制作西点前，我们需要了解一下烘焙的相关工具，要知道，工欲善其事，必先利其器。

搅打盆

　　在制作甜点的过程中需要使用手动打蛋器、电动打蛋器搅拌或搅打原材料。因此对于盛放原材料的容器要求碗壁坚硬，否则在制作过程中碗壁容易破裂。

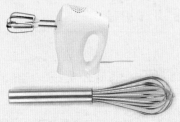

打蛋器（手动、电动）

　　在制作甜点的过程中最常用于打发、搅拌的工具，手动打蛋器也可以用于打发食材，只是耗时、费力，一般建议选择电动打蛋器。

擀面杖

　　可以用于擀平面皮、挞皮，碾碎各类坚果、饼干。一般我们使用的是木质的擀面杖，如果制作有黏性的产品可以购买硅胶制的擀面杖。

橡皮刮刀、刮板

　　橡皮刮刀主要用于混合和搅拌食材，而刮板主要用于分割和辅助食材挪动，是制作甜点时常用到的两种烘焙工具。

电子秤

　　用于称量食材，因为西式甜点的制作对材料配方有一定的比例要求，所以需要精确的称量，才能保证成功率。

硅胶模具

　　经常被用于制作不同造型的巧克力和布丁，具有易脱模的特点，也可以用于制作蛋糕，硅胶可以承受230℃~240℃的高温。

蛋糕模具

　　蛋糕模具很多，通常有磅蛋糕模具、直径15厘米（6英寸）的慕斯圈或者烟囱蛋糕模具等等。

饼干模具

　　饼干模具在市面上有多种款式，如长方形饼干模具、瓦片饼干模具，以及圆形压模工具等，可根据自己的喜好购买。

挞、派模具

　　用于挞、派的制作，尺寸大小各不相同，有些有花纹，可以印出纹路。

烤箱

　　烤箱是用来烤制饼干、点心和面包等食物的一种密封电器，同时也具备烘干的作用。

02 各式粉类篇

材料的好坏直接影响着你制作出来的西点是否好吃，所以在选材方面一定要慎重。不一样的材料不仅能提升西点的口感和风味，还能让它呈现出不一样的面貌。

低筋面粉

主要用于制作蛋糕、饼干、酥饼，能够赋予烘焙食物酥松柔软的口感。

中筋面粉

也就是普通面粉，多用在中式糕点和对筋度要求不高的面包制作中。

高筋面粉

筋度较高的面粉，适用于制作各类面包。

奶粉

奶粉在烘焙中也比较常用，能让烘焙产品香味更浓郁。

泡打粉

　　膨大剂的一种，是制作西点、中点的常用材料，本书所使用的均为无铝泡打粉。

小苏打、臭粉

　　膨大剂的一种，用在需膨松得较大的西饼的制作中。

酵母粉

　　用于面包和饼类的快速发酵。

粟粉、玉米粉、生粉

　　加在戚风蛋糕中，可以使蛋糕的口感更细腻，组织更蓬松。

可可粉

　　可可豆通过发酵、粗碎、去皮等工艺，最终脱脂研磨成粉的状态。

抹茶粉

　　用天然石磨成的蒸青绿茶粉末。

伯爵茶粉

　　混合有橘类果皮的一种红茶粉。

咖啡粉

　　从咖啡豆中萃取的无糖黑咖啡粉，本书所用的为即溶黑咖啡粉。

03 轻松技法篇

烘焙是一种精加工的手法，涉及多种材料、多个环节的处理，其中除了面团的制作之外，最主要的就是材料的打发部分，下面我们将详细介绍基本材料的打发技巧。

全蛋的打发

材料 鸡蛋160克，细砂糖100克

做法

1.取一个容器，倒入备好的鸡蛋、细砂糖。

2.用电动打蛋器中速打发4分钟，使其完全混合。

3.再打发片刻，至材料完全呈现淡黄色膏状即可。

蛋白的打发

材料 蛋白100克，细砂糖70克

做法

1.取一个容器，倒入备好的蛋白、细砂糖。

2.用电动打蛋器中速打发4分钟，使其完全混合。

3.再打发片刻至材料完全呈现乳白色膏状即可。

蛋黄的打发

材料 低筋面粉70克，玉米淀粉55克，蛋黄120克，色拉油55毫升，清水20毫升，泡打粉2克，细砂糖30克

做法

1.将蛋黄、细砂糖倒入容器中，用手动打蛋器拌匀。

2.加入色拉油、清水，搅拌均匀。

3.用筛网将玉米淀粉、低筋面粉、泡打粉过筛，放入容器中打发。

4.打发至材料完全呈现淡黄色膏状即可。

黄油的打发

材料 黄油200克，糖粉100克，蛋黄15克

做法

1.取一个容器，倒入备好的糖粉、黄油。

2.用电动打蛋器搅拌，打发至食材混合均匀。

3.倒入蛋黄，继续打发。

4.至材料完全呈现淡黄色膏状即可。

04 烘焙小知识

近年来，烘焙食品因其丰富的营养和多变的外形，逐渐受到人们的喜爱。但是对于一些新手来说，烘焙过程中往往会有很多问题出现，下面就让我们来了解一下烘焙过程中的常见问题。

烘焙时是否要采取防粘措施？如何操作？

在制作西点时，无论是使用烤盘还是其他的烤制模具，一般都需要采取防粘措施。防粘措施一般是指在烤盘或烤制模具上垫烘焙用的锡纸或油纸，此外，垫上高温布也是比较常用的方法。如果是面包、蛋糕的模具，可以在模具内部涂上一层软化的黄油，再在模具壁上均匀涂撒一层干面粉，防粘的效果会更好。但如果使用的烤盘或模具本身就具有防粘特性，这种情况下就可以不采用防粘措施。

在家里烤面包，为了省时可否一次烤两盘？

如果是在家中烘烤面包或蛋糕，不建议一次烤两盘。因为一般情况下，家用的烤箱本身就存在受热不均匀的现象，如果一次放进两盘需烤的糕点原料，会使受热不均匀的情况加重，从而影响西点成品的品质。

为什么烘焙时会有点心不熟或者烤焦的情况？

烘焙时有点心不熟或者烤焦的情况出现，很可能是制作过程中没有严格按照配方要求的时间和温度进行操作，时间和温度的误差有可能会造成点心不熟或烤焦的结果出现。此外，也不排除家用烤箱温度不准的情况。即使同一品牌同一型号的烤箱，也存在每台烤箱之间温度有所差异的情况，所以烘焙过程中不仅要参考配方的时间和温度，还要根据实际情况稍作调整。

Part 2

酥脆饼干篇

　　饼干作为一种零食，食用方便又便于携带。和其他西点相比，饼干容易上手，只要几个简单的步骤，就能让你轻松做出香甜可口、香气四溢的成品。无论你想学香酥的曲奇饼干，还是可爱的模具饼干，本章所列的饼干类型都能一次满足你。

蔓越莓杏仁棒

⏱ 烘焙：12分钟　　🍲 难易度：★☆☆

📖 材 料

无盐黄油60克，细砂糖60克，盐0.5克，蛋液（搅散）25克，香草精3克，杏仁片30克，蔓越莓干40克，低筋面粉110克，杏仁粉30克，面粉适量

👨‍🍳 做 法

1. 将室温软化的无盐黄油倒入搅打盆里，用橡皮刮刀搅拌均匀。

2. 再倒入细砂糖和盐继续搅拌均匀。

3. 倒入搅散的蛋液搅拌均匀。

4. 加入香草精继续搅拌。

5. 倒入烤香的杏仁片（以160℃烘烤5分钟）和蔓越莓干稍微搅拌一下，筛入低筋面粉、杏仁粉，用橡皮刮刀翻拌均匀，揉成光滑的面团。

6. 在面团上撒一些面粉，用擀面杖将面团擀成约2毫米厚的面皮。

7. 将面皮切成长条状放在铺好油纸的烤盘上。

8. 放进预热至180℃的烤箱中层烘烤12分钟即可食用。

烘焙妙招

饼干烤好后应马上从烤箱里取出，以免在烤箱里吸收水汽。

万圣节手指饼 ⏱ 烘焙：10～12分钟　🍲 难易度：★☆☆

📦 材料

无盐黄油65克，低筋面粉140克，糖粉50克，牛奶20毫升，香草精2克，完整的大杏仁适量

👨‍🍳 做法

1 无盐黄油室温软化，加糖粉。

2 用电动打蛋器打至黄油体积膨胀、颜色变浅。

3 加入牛奶，加入香草精，搅打均匀。

4 再筛入低筋面粉。

5 用橡皮刮刀翻拌至无干粉。

6 用手将面团揉紧实。

7 揉成光滑的原味奶香面团。

8 将面团分成数个10克的小面团。

9 将小面团搓成手指的形状。

10 将大杏仁尖头朝外，压在饼干坯上，做成手指饼干的指甲。

11 将手指饼干移到铺了油纸的烤盘上，以160℃烤10分钟。

12 温度降至150℃，烘烤10～12分钟，取出放凉即可。

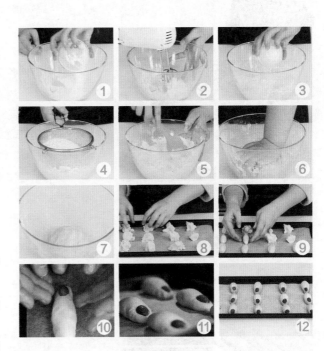

芝士饼干棒

🕐 烘焙：14分钟　🍲 难易度：★☆☆

📖 材料

饼干体：细砂糖13克，无盐黄油150克，冰水5毫升，低筋面粉100克，蛋黄20克，牛奶15毫升，芝士粉30克；

装饰：芝士粉30克

👨‍🍳 做 法

1　将无盐黄油放入无水无油的搅拌盆中，用橡皮刮刀压软。

2　加入芝士粉，搅匀后再加入细砂糖，用手动打蛋器搅拌均匀。

3　倒入蛋黄、牛奶、冰水，在倒入的过程中持续搅拌至液体与无盐黄油完全融合。

4　筛入低筋面粉，用橡皮刮刀搅拌至无干粉，用手轻轻揉成光滑的面团。

5　用擀面杖将面团擀成厚度约4毫米的面片。

6　将面片切成正方形，再切成细长条状的饼干坯。

7　饼干坯表面撒上芝士粉装饰。

8　烤箱以上、下火185℃预热，将烤盘置于烤箱的中层，烘烤14分钟即可。

> **烘焙妙招**
>
> 可以将烤好的饼干冷却后放入密封袋保存。

饼干棒

🕐 烘焙：14分钟　　🍲 难易度：★☆☆

📖 材 料

饼干体：细砂糖13克，食用油10毫升，无盐黄油150克，冰水75毫升，低筋面粉200克，盐1克，蛋黄20克；**装饰**：细砂糖20克，杏仁片30克

🧑‍🍳 做 法

1　将无盐黄油倒入盆中，用橡皮刮刀压软。

2　将细砂糖、盐倒入装有无盐黄油的搅拌盆中，并搅拌均匀。

3　倒入蛋黄搅拌均匀。

4　倒入冰水，持续搅拌至完全融合。

5　筛入低筋面粉，用橡皮刮刀按压至无干粉的状态。

6　用手揉搓成一个光滑的饼干面团。

7　用擀面杖将面团擀成厚度为4毫米的饼干面皮，将面皮切成细长条状放置在烤盘上。

8　在长条状的饼干坯上刷食用油并撒上细砂糖。

9　再撒上已剁碎的杏仁片。

10　烤箱以185℃预热，完毕后将烤盘至于烤箱的中层，烘烤14分钟即可。

烘焙妙招

面皮最好修整齐一些，这样生坯的外形才匀称美观。

糖花饼干

⏱ 烘焙：12~15分钟　　🍲 难易度：★☆☆

📖 材 料

饼干体：低筋面粉140克，椰子粉20克，可可粉20克，糖粉60克，盐1克，鸡蛋液25克，无盐黄油60克，香草精3克；**装饰**：黑巧克力100克，彩色糖粒适量

扫一扫学烘焙

👨‍🍳 做 法

1 将室温软化的无盐黄油放入搅拌盆中，加入糖粉，搅拌均匀。

2 依次倒入鸡蛋液、香草精，搅拌均匀。

3 加入椰子粉搅拌均匀，放入盐，筛入可可粉和低筋面粉，搅拌至无干粉，揉成光滑的面团。

4 用擀面杖将面团擀成厚度约4毫米的面片。

5 用带花型的圆模具压出相应形状的饼干坯，放在烤盘上。

6 烤箱以175℃预热，将烤盘置于烤箱的中层，烘烤12~15分钟即可。

7 在烘烤的过程中，将黑巧克力隔温水熔化。

8 取出饼干，在三分之一处蘸上巧克力液，表面撒彩色糖粒作装饰即可。

🥄 烘焙妙招

做好的面片可以放置片刻后再分切，能更好地定型。

糖霜饼干

⏱ 烘焙：25分钟　🍲 难易度：★★☆

📋 材料

原味曲奇预拌粉350克，黄油80克，鸡蛋1个，蛋清40克，柠檬汁4滴，糖粉200克

👨‍🍳 做法

1. 空碗中倒入原味曲奇预拌粉，打入一颗鸡蛋，放入黄油，用手揉成光滑的面团。

2. 把面团放在油纸上，擀成面饼，拿出模具在面饼上压出饼干型，摆放在烤盘内。

3. 将烤盘放入预热好的烤箱里，以上、下火160℃，烤制25分钟后取出。

4. 空碗中倒入蛋清，并用电动打蛋器打发，再加入糖粉，打发至糖霜状态。

5. 滴入柠檬汁，搅拌均匀，最后将糖霜装入裱花袋内，挤在饼干上即可。

蜂蜜燕麦饼干

⏱ 烘焙：10分钟　🍲 难易度：★☆☆

📋 材料

芥花籽油30毫升，香草精2克，盐0.5克，蜂蜜50克，低筋面粉60克，燕麦粉30克，泡打粉1克

👨‍🍳 做法

1. 将芥花籽油、香草精、盐、蜂蜜倒入搅拌盆中，用橡皮刮刀搅拌均匀。

2. 将低筋面粉、燕麦粉、泡打粉筛入搅拌盆，翻拌至无干粉的状态，制成饼干面糊。

3. 将饼干面糊装入套有圆齿裱花嘴的裱花袋里，用剪刀在裱花袋尖端处剪一个小口。

4. 烤盘铺上油纸，在油纸上挤出数个长度约为8厘米的饼干坯，放入预热至180℃的烤箱中层，烘烤约10分钟至上色即可。

玻璃糖饼干

⏱ 烘焙：10分钟　📦 难易度：★★☆

🍱 材料

无盐黄油65克，细砂糖60克，盐0.5克，鸡蛋液25克，香草精3克，低筋面粉135克，杏仁粉25克，水果硬糖适量

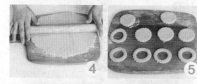

👨‍🍳 做法

1　将室温软化的无盐黄油放入搅打盆中，加入细砂糖和盐，用橡皮刮刀搅拌均匀。

2　分次倒入鸡蛋液搅拌均匀，加入香草精，每次加入都需要搅拌均匀。

3　筛入低筋面粉和杏仁粉后拌匀，揉成面团。

4　用擀面杖将面团擀成厚度为3毫米的饼干面皮。

5　用花形饼干模具在面皮上裁切出10个花形饼干坯，再在其中的5个花形饼干坯中间抠出一个小圆。

6　两种饼干坯叠在一起，放入铺好油纸的烤盘上。

7　将水果硬糖敲碎。

8　将敲碎的水果硬糖放入饼干坯镂空处，再将烤盘放进预热至180℃的烤箱中层，烤约10分钟即可。

> **烘焙妙招**
> 选用中筋面粉，可使烤好的成品更酥脆。

牛轧糖饼干

⏱ 烘焙：10~12分钟　🍲 难易度：★★☆

📋 材料

饼干体： 无盐黄油100克，糖粉70克，盐1克，低筋面粉170克，杏仁粉30克，鸡蛋液25克；**牛轧糖糖浆：** 淡奶油100克，麦芽糖40克，细砂糖55克，无盐黄油30克，夏威夷果90克

👨‍🍳 做法

1. 将室温软化的无盐黄油放入搅打盆中，加入糖粉和盐拌匀。
2. 筛入低筋面粉和杏仁粉，用橡皮刮刀翻拌至无干粉的状态。
3. 倒入鸡蛋液继续搅拌均匀，揉成光滑的面团。
4. 用擀面杖将面团擀成约5毫米厚的面皮。
5. 用大圆形饼干模具切模裁切出圆形面皮，再用小圆形饼干模具将中间镂空。
6. 锅里加入淡奶油、麦芽糖、细砂糖，拌匀。
7. 再加入无盐黄油，煮至浓稠状态后加入捣碎的夏威夷果。
8. 将牛轧糖糖浆倒在面皮中，放进预热至175℃的烤箱中层烘烤10~12分钟即可。

烘焙妙招
入烤箱前如果希望饼干颜色更深，可在表面涂一层蛋液。

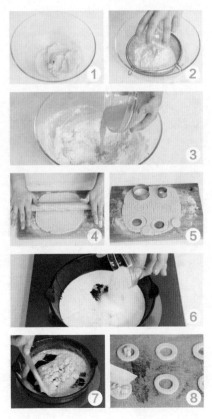

核桃焦糖饼干

⏱ 烘焙：30分钟　　🍲 难易度：★★☆

📖 材料

饼干体： 无盐黄油100克，细砂糖40克，鸡蛋液（搅散）15克，低筋面粉120克，杏仁粉40克，盐2克；**焦糖核桃：** 无盐黄油80克，细砂糖40克，淡奶油40克，蜂蜜40克，核桃100克

扫一扫学烘焙

👨‍🍳 做法

1　将室温软化的无盐黄油放入搅拌盆中，加入细砂糖，搅拌均匀。

2　加入鸡蛋液（搅散），搅拌均匀。

3　筛入低筋面粉、杏仁粉、盐，用橡皮刮刀拌匀。

4　揉成光滑的面团，盖上保鲜膜放入冰箱冷藏30分钟。

5　取出面团，将面团擀成厚度为4毫米的面皮。

6　将面皮放置在贴好油纸的烤盘上。

7　准备一个小叉子，戳上透气孔。

8　烤箱以150℃预热，将烤盘置于烤箱的中层，烘烤15分钟后成饼底。

9　将无盐黄油和细砂糖煮至焦黄，加淡奶油和蜂蜜、核桃拌匀，放在烘烤好的饼底上，抹平。

10　放入烤箱，以150℃烤15分钟，放凉后切成块即可。

无花果燕麦饼干

⏱ 烘焙：20分钟　　👨‍🍳 难易度：★☆☆

📖 材料

饼干体：亚麻籽油30毫升，蜂蜜30克，盐0.5克，碧根果粉15克，燕麦粉35克，低筋面粉50克，泡打粉1克；**装饰**：半干无花果适量

👩‍🍳 做法

1 将亚麻籽油、蜂蜜、盐倒入搅拌盆。

2 用手动打蛋器将材料搅拌均匀。

3 将碧根果粉、燕麦粉倒入搅拌盆中，用手动打蛋器搅拌均匀。

4 将低筋面粉、泡打粉过筛至搅拌盆中。

5 用橡皮刮刀翻拌至无干粉，揉成光滑的饼干面团。

6 将饼干面团分成每个重量约20克的小面团，用手揉搓成圆形。

7 将圆形小面团压扁后放在铺有油纸的烤盘上，再将半干无花果按压进面团里，即成饼干坯。

8 将烤盘放入预热至180℃的烤箱中层，烤约20分钟，取出烤好的饼干，待放凉后装入盘中即可。

> **烘焙妙招**
> 在烤盘里要留出足够的间隙，以免烤好后粘在一起。

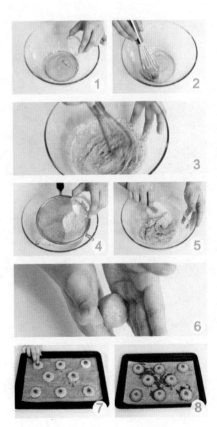

蔓越莓雪球饼干

⏱ 烘焙：15分钟　🍱 难易度：★☆☆

📖材料

无盐黄油100克，细砂糖32克，草莓香油1滴，蔓越莓干20克，杏仁粉18克，低筋面粉123克

👨‍🍳做法

1　无盐黄油室温软化后倒入搅拌盆中。

2　倒入细砂糖用橡皮刮刀搅拌均匀。

3　加入一滴草莓香油。

4　继续用橡皮刮刀搅拌至完全融合。

5　倒入切碎的蔓越莓干搅拌。

6　筛入杏仁粉。

7　接着筛入低筋面粉。

8　用橡皮刮刀翻拌至无干粉，揉成光滑的面团。

9　将面团分成每个20克的小面团并揉成均匀的小球放置在烤盘上。

10　最后放入预热至180℃的烤箱中层，烘烤15分钟即可。

烘焙妙招

生坯要大小均匀，这样烤出来的成品也会受热均匀。

柠檬开心果脆饼

⏱ 烘焙：15分钟　🍲 难易度：★☆☆

🥫 材料

无盐黄油50克，细砂糖70克，盐1克，鸡蛋液50克，柠檬汁30毫升，柠檬皮屑30克，开心果碎50克，低筋面粉200克，杏仁粉50克，泡打粉2克

👨‍🍳 做法

1. 无盐黄油室温软化后放入盆中，再加入细砂糖用电动打蛋器搅打至蓬松羽毛状。
2. 加盐、鸡蛋液、柠檬汁、柠檬皮屑、开心果碎，筛入低筋面粉、杏仁粉、泡打粉揉成面团，搓成圆柱体，入冰箱冷冻30分钟。
3. 取出面团，切成4.5毫米厚的小饼干坯，放置在烤盘上，放进预热至175℃的烤箱中层，烤15分钟即可。

月牙坚果饼干

⏱ 烘焙：15分钟　🍲 难易度：★★☆

🥫 材料

饼干体： 无盐黄油80克，细砂糖50克，鸡蛋液25克，香草精3克，盐0.5克，低筋面粉120克，泡打粉1克，可可粉15克；**装饰：** 腰果碎、杏仁、杏仁片、白巧克力各少许

👨‍🍳 做法

1. 室温软化的无盐黄油加细砂糖、鸡蛋液、香草精、盐拌匀，筛入低筋面粉、泡打粉、可可粉，揉成面团，擀成面皮。
2. 用月牙形模具在面皮上印出月牙状饼干坯，放在烤盘上。
3. 将腰果碎、杏仁、杏仁片嵌在面皮上，放入烤箱，以上、下火180℃，烤15分钟，取出。
4. 白巧克力隔水加热熔化，挤在饼干上即可。

好吃又营养

适当地吃一些含巧克力的饼干可以起到保持毛细血管弹性的作用，还可改善心情。

奥利奥可可曲奇

⏱ 烘焙：12～15分钟　🍲 难易度：★★☆

扫一扫学烘焙

📖 材料

饼干体：无盐黄油150克，黄砂糖100克，细砂糖20克，盐2克，鸡蛋液50克，低筋面粉195克，杏仁粉30克，泡打粉2克，入炉巧克力35克；**装饰**：奥利奥饼干碎20克

👨‍🍳 做法

1　将无盐黄油室温软化，加入细砂糖，搅拌均匀。

2　加入黄砂糖，搅拌均匀。

3　分次倒入鸡蛋液，搅拌至鸡蛋液与无盐黄油完全融合。

4　加入盐、泡打粉、杏仁粉，搅拌均匀。

5　加入切碎的入炉巧克力，搅拌均匀。

6　筛入低筋面粉。

7　用橡皮刮刀搅拌至无干粉，揉成光滑的面团。

8　此时面团较软，需放入冰箱冷冻约15分钟。

9　拿出后，将面团揉搓成圆柱体，裹上油纸，再次放入冰箱冷冻约15分钟，方便切片操作。

10　取出面团，在表面撒上奥利奥饼干碎装饰。

11　将面团切成厚度约4毫米的饼干坯，放在烤盘上。

12　烤箱以180℃预热，将烤盘置于烤箱的中层，烘烤12～15分钟即可。

烘焙妙招

曲奇可以保存1周左右，尽快食用的话，口感较佳。

巧克力奶酥圈

🕐 烘焙：12分钟　　🍲 难易度：★☆☆

🏺 材 料

饼干体：糖粉55克，蛋白20克，低筋面粉100克，可可粉15克，无盐黄油80克，盐0.5克；**装饰**：巧克力100克，开心果20克

👨‍🍳 做 法

1　将无盐黄油和糖粉放入盆中，拌匀。
2　倒入蛋白，加入盐，继续搅拌均匀。
3　筛入低筋面粉、可可粉，搅拌均匀。
4　将面糊装入装有圆齿形裱花嘴的裱花袋中。
5　在烤盘上挤出均匀的圆圈花形饼干坯。
6　放进预热至175℃的烤箱中，烘烤12分钟。
7　将巧克力隔温水熔化。
8　在饼干的半边上蘸上巧克力液，用捣碎的开心果装饰即可。

咖啡彩糖奶酥

🕐 烘焙：12分钟　　🍲 难易度：★☆☆

🏺 材 料

无盐黄油80克，细砂糖60克，低筋面粉120克，速溶咖啡粉8克，牛奶30毫升，黑巧克力液40克，彩色糖粒适量

👨‍🍳 做 法

1　无盐黄油室温软化，加入细砂糖，打发。
2　牛奶加热后倒入咖啡粉中，拌匀，加入到无盐黄油碗中，搅匀。过筛低筋面粉，将粉类和黄油拌至光滑细腻的状态。
3　将咖啡面糊装入套有圆形裱花嘴的裱花袋中，剪开口，将花嘴推出，在铺了油纸的烤盘上挤出咖啡蘑菇柄。烤盘置于烤箱的中层，以160℃烤约12分钟，取出，一头蘸上黑巧克力液，撒上彩色糖粒即可。

烘焙妙招

挤花的形状可以随意，不同的花嘴造型不同。

原味挤花曲奇

⏱ 烘焙：15分钟　　🍲 难易度：★☆☆

📖 材 料

无盐黄油115克，糖粉40克，牛奶15毫升，低筋面粉115克

👨‍🍳 做 法

1 无盐黄油室温软化。

2 将黄油搅打至蓬松发白。

3 加入糖粉，搅打至羽毛状。

4 加入牛奶，搅至完全融合。

5 筛入低筋面粉。

6 用橡皮刮刀摁压至无干粉，并搅拌至光滑细腻的状态。

7 将曲奇面糊加入装有玫瑰花嘴的裱花袋中。

8 将裱花袋剪一个1厘米的开口，在铺了油纸的烤盘上，垂直挤出玫瑰花的形状。

9 每个花型曲奇之间留有间隙。

10 烤箱以170℃预热，烤盘置于烤箱的中层，烘烤15分钟。

11 注意观察曲奇上色的状况。

12 取出后将曲奇凉一凉即可。

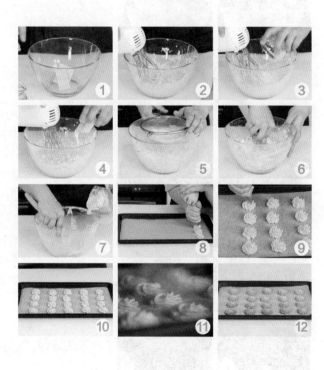

巧克力曲奇

🕐 烘焙：10~13分钟　　🍲 难易度：★☆☆

📋 材 料

无盐黄油50克，细砂糖100克，鸡蛋液25克，低筋面粉150克，可可粉5克

👨‍🍳 做 法

1　无盐黄油室温软化，放入干净的搅拌盆中。

2　加入细砂糖，搅拌均匀。

3　倒入鸡蛋液，搅拌均匀至完全融合。

4　筛入低筋面粉、可可粉，用橡皮刮刀搅拌均匀，用手轻轻揉成光滑的面团（注意揉的时候不要过度，面团容易出油）。

5　将面团揉搓成圆柱体，放入冰箱冷冻约30分钟，方便切片操作。

6　取出面团，将其切成厚度约4毫米的饼干坯，放在烤盘上。

7　烤箱预热180℃，将烤盘置于烤箱的中层，烘烤10~13分钟。

8　取出后放凉即可食用。

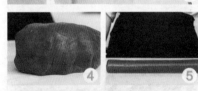

> **烘焙妙招**
>
> 可以在烤好的饼干上撒适量芝士碎，这样吃起来更香。

香草曲奇

⏱ 烘焙：25分钟　　🍳 难易度：★ ☆ ☆

🧂 材料

下层饼干体： 无盐黄油128克，细砂糖64克，淡奶油40克，低筋面粉145克，杏仁粉25克；**上层饼干体：** 无盐黄油100克，糖粉53克，香草精适量，淡奶油20克，低筋面粉140克；**装饰：** 白巧克力适量，蔓越莓干少许

👨‍🍳 做 法

1. 将室温软化的128克无盐黄油加入细砂糖搅拌均匀，再倒入淡奶油持续搅拌至完全融合。
2. 筛入低筋面粉和杏仁粉揉成光滑的面团。
3. 将面团擀成厚度为4毫米的面皮，冷冻30分钟。
4. 取出面皮，在面皮上裁切出圆形饼干坯。
5. 将100克无盐黄油和糖粉倒入搅打盆，拌匀。
6. 加入香草精、淡奶油，搅拌均匀。
7. 筛入低筋面粉翻拌均匀成细腻的饼干面糊。
8. 将饼干面糊装入装有圆齿花嘴的裱花袋中，环绕圆形饼干坯挤一圈面糊作为装饰。
9. 放入预热至150℃的烤箱中层烘烤25分钟。
10. 取出冷却后将隔水熔化的白巧克力液装入裱花袋中，挤在饼干中间，并放上蔓越莓干即可。

> **烘焙妙招**
> 饼干单独保存易受潮，最好放入玻璃罐中密封保存。

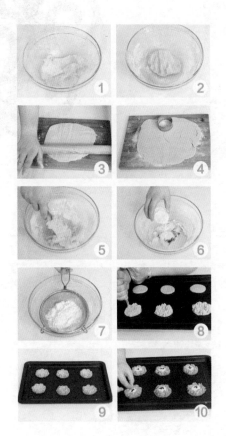

好吃又营养

鸡蛋含有大量的蛋白质，人体的吸收利用率高，可以增强身体抵抗力。

旋涡曲奇

⏱ 烘焙：15分钟　🍲 难易度：★★☆

📋 材料

无盐黄油50克，糖粉25克，盐1克，全蛋液20克，低筋面粉100克，泡打粉1克，可可粉8克

👨‍🍳 做法

1　将室温软化的无盐黄油用手动打蛋器搅拌均匀。

2　加入糖粉，搅至均匀无颗粒。

3　倒入全蛋液，搅拌均匀。

4　加盐，搅拌均匀。

5　加泡打粉，搅拌均匀。

6　过筛低筋面粉，拌匀。

7　面团分两份，一份做原味面皮。

8　另一份面团筛入可可粉，揉成可可面团，做可可面皮。

9　铺上一层保鲜膜。

10　可可面团置于保鲜膜上，擀成厚度为2毫米的面片。

11　同样，再铺一层保鲜膜，将原味面团放在上面，擀成厚度为2毫米的面片。

12　将面片无保鲜膜的一面相对，均匀叠加在一起。

13　揭开上层的保鲜膜，拎起下层保鲜膜的一端，将面片卷起。

14　面片放入冰箱冷冻30分钟。

15　将冻硬的面团切成厚度为3毫米的饼干坯，烤箱预热160℃，烘烤15分钟即可。

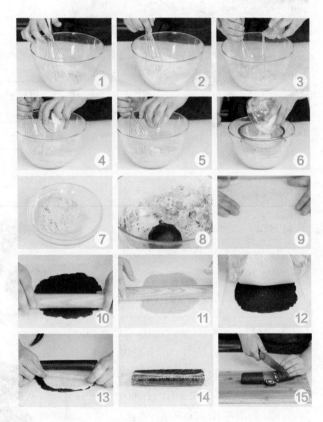

烘焙妙招

饼干坯冷冻切片的最佳状态，是摸上去有一点硬。

原味香酥曲奇

🕐 烘焙：25分钟　　🍲 难易度：★☆☆

材料

原味曲奇预拌粉350克，黄油140克，鸡蛋1个

做法

1　将预拌粉、室温软化的黄油、打好的鸡蛋液依次加入碗中，将它们一起用手搓揉，搅拌均匀。

2　将揉好的面糊放入裱花袋，在铺有油纸的烤盘中，挤成表面纹路清晰的黄油曲奇。

3　将烤盘放入烤箱，温度为上、下火160℃，烤约25分钟，取出烤好的曲奇即可。

> **烘焙妙招**
> 黄油搅拌要顺着一个方向。

🕐 烘焙：25分钟　　🍲 难易度：★☆☆

趣多多

材料

巧克力曲奇预拌粉350克，黄油120克，鸡蛋1个，巧克力豆100克

做法

1　将预拌粉、室温软化的黄油依次加入碗中，将打好的鸡蛋液倒入预拌粉内，将它们一起用手揉搓，搅拌均匀。

2　将面团分成重量13克左右的小面团，用手揉匀压扁，摆放在铺有油纸的烤盘上。

3　在每个面饼上均匀摆放巧克力豆。

4　将烤盘放入预热好的烤箱，温度调为上、下火160℃，烤制25分钟。

5　取出烤好的曲奇装入盘中即可。

烘焙妙招

如果是白巧克力的话，熔化温度不可以超过45℃。可可脂含量越高，巧克力的熔化温度越高，但最高不要超过55℃。

浓香黑巧克力曲奇

⏱ 烘焙：15分钟　🍲 难易度：★★☆

📋 材 料

无盐黄油80克，玉米糖浆70克，全蛋液60克，牛奶20毫升，黑巧克力片100克，低筋面粉150克，泡打粉1克，可可粉12克，入炉巧克力20克

👨‍🍳 做 法

1 无盐黄油室温软化，加玉米糖浆。

2 将其搅打至蓬松羽毛状。

3 加入全蛋液，搅打均匀。

4 加入牛奶，搅打均匀。

5 将黑巧克力片隔水加热熔化，注意水温不能超过50℃。

6 将熔化的黑巧克力液一次性加入到无盐黄油中。

7 搅拌均匀后，筛入可可粉。

8 将低筋面粉一次性过筛。

9 将粉类与黄油混合均匀。

10 准备裱花袋，装入面糊。

11 将裱花袋剪出开口，与烤盘呈75°，由外向里挤出面糊。

12 曲奇坯上放入炉巧克力，以上、下火170℃，烘烤15分钟即可。

好吃又营养
适当地吃一些巧克
力还可以起到很好
的抗氧化作用。

M豆燕麦巧克力曲奇

🕐 烘焙：15分钟　🍲 难易度：★★☆

🥗 材 料

无盐黄油55克，黄糖糖浆40克，低筋面粉60克，可可粉6克，泡打粉2克，香草精2克，燕麦片25克，彩色巧克力豆25克

👨‍🍳 做 法

1　无盐黄油室温软化。

2　用电动打蛋器将无盐黄油稍打后，加入黄糖糖浆。

3　使用电动打蛋器将黄油打至微微发白、体积膨胀。

4　加入香草精，搅打均匀。

5　筛网上倒入低筋面粉。

6　再倒入可可粉。

7　最后倒入泡打粉。

8　将粉类均匀混合过筛，加入到黄油碗中。

9　翻拌均匀后加入燕麦片。

10　将燕麦与可可糊混合均匀。

11　拿一个裱花袋，将燕麦可可糊放入其中。

12　在裱花袋的尖处剪出一个直径为0.7厘米的开口。

13　在铺了油纸的烤盘上挤出燕麦可可面糊，以顺时针方向由外向内划圈至中心挤满。

14　将彩色巧克力豆按压在挤好的面糊上，准备入烤箱烘烤。

15　烤箱预热170℃，烤盘置于烤箱的中层，烤15分钟即可。

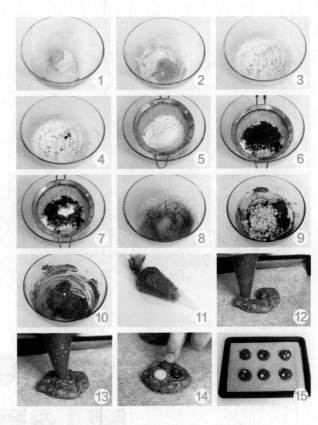

烘焙妙招

糖浆的口味也可以更换成焦糖、香草等各种风味。

烘焙妙招

可将面团放入冰箱冷藏半小时再切，更易成型。

扫一扫学烘焙

西瓜双色曲奇

⏱ 烘焙：15分钟　🍲 难易度：★ ☆ ☆

🧂 材 料

无盐黄油50克，糖粉25克，盐1克，鸡蛋液20克，低筋面粉100克，抹茶粉适量，香草精适量，黑芝麻少许，红色色素适量

👨‍🍳 做 法

1. 将室温软化的无盐黄油、糖粉放入盆中，用手动打蛋器拌匀。

2. 倒入鸡蛋液，拌匀，再放入盐，倒入香草精，拌匀。

3. 筛入低筋面粉，拌匀。

4. 分出一半的面团，筛入抹茶粉，揉均匀。

5. 另一半面团中加入红色色素，揉均匀，将面团冷冻约30分钟。

6. 取出后搓成圆柱体，再把绿色面团擀成厚度约3毫米的面片，包在红色面团外面，再将双色面团揉搓成圆柱体。

7. 将面团切成厚度约4.5毫米的饼坯，放入烤盘，撒上黑芝麻。

8. 烤箱预热至175℃，烤盘置于中层烤15分钟即可。

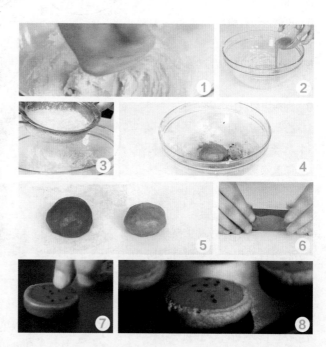

彩糖蔓越莓曲奇

⏱ 烘焙：17分钟　　🧰 难易度：★☆☆

📋 **材料**

饼干体：无盐黄油80克，糖粉52克，鸡蛋液20克，低筋面粉132克，蔓越莓干48克；**装饰**：彩色糖粒适量

扫一扫学烘焙

👨‍🍳 **做 法**

1 将室温软化的无盐黄油加糖粉，用电动打蛋器搅打均匀至蓬松发白。

2 倒入鸡蛋液，搅打均匀。

3 加入蔓越莓干，搅拌均匀。

4 筛入低筋面粉，用橡皮刮刀搅拌至无干粉。

5 将搅拌好的面团放入保鲜膜中，连保鲜膜一起放进长方形饼干模具中，将表面压平整，入冰箱冷冻约15分钟。

6 拿出长方形饼干模具，取出面团，将其切成厚度约4毫米的饼干坯。

7 将饼干坯摆入烤盘中，表面撒上彩色糖粒。

8 烤箱以上、下火150℃预热，将烤盘置于烤箱的中层，烘烤17分钟即可。

烘焙妙招

面团揉搓的时间不宜过长，以免影响成品酥松的口感。

大理石曲奇

⏱ 烘焙：25分钟　　🍲 难易度：★☆☆

📦 **材 料**

原味曲奇预拌粉175克，巧克力曲奇预拌粉175克，鸡蛋液50克，黄油60克

👨‍🍳 **做 法**

1　空碗中倒入原味曲奇预拌粉、一半的鸡蛋液、一半的黄油，揉成光滑的面团。

2　空碗倒入巧克力曲奇预拌粉、剩余蛋液和黄油，揉成光滑的面团。

3　两个面团放在一起揉，然后放到油纸上整理成长条形状，放入冰箱冷冻40分钟。

4　将冷冻好的面团切成0.5厘米的薄片，摆放在烤盘里，放入预热好的烤箱，温度为上、下火160℃，烤约25分钟即可。

⏱ 烘焙：25分钟　　🍲 难易度：★☆☆

抹茶曲奇

📦 **材 料**

原味曲奇预拌粉350克，黄油140克，鸡蛋1个，抹茶粉6克

👨‍🍳 **做 法**

1　将预拌粉、软化的黄油、打好的鸡蛋液依次加入碗中。

2　将它们搅拌均匀后，用手搓揉，接着倒入抹茶粉，将它们充分混合均匀。

3　将揉好的面糊放入裱花袋，在铺有油纸的烤盘中，挤成表面纹路清晰的黄油曲奇。

4　将烤盘放入预热好的烤箱，温度为上、下火160℃，烤约25分钟，取出即可。

夏威夷抹茶曲奇

🕐 烘焙：13~15分钟　📷 难易度：★★☆

📋 材料

低筋面粉110克，细砂糖40克，盐0.5克，泡打粉1克，鸡蛋液25克，无盐黄油60克，夏威夷果50克，抹茶粉4克

扫一扫学烘焙

👨‍🍳 做 法

1　先将夏威夷果切碎备用。

2　将无盐黄油室温软化，放入干净的搅拌盆中，加入细砂糖，搅拌均匀。

3　倒入鸡蛋液，搅拌均匀至完全融合。

4　加入切好的夏威夷果碎，搅拌均匀。

5　加入盐和泡打粉，搅拌均匀。

6　筛入低筋面粉和抹茶粉，用手轻轻揉成光滑的面团。

7　将面团揉搓成圆柱体，用油纸包好，入冰箱冷冻约30分钟。

8　取出面团，切成厚度约4毫米的饼干坯，放在烤盘上。烤箱预热180℃，将烤盘置于烤箱的中层，烘烤13~15分钟。

> **烘焙妙招**
> 烤得颜色较深的地方味道会微苦，可将其去掉。

烘焙妙招

不要过度打发，否则曲奇的口感会变硬。

扫一扫学烘焙

绿茶爱心挤花曲奇

🕐 烘焙：12~15分钟　📦 难易度：★★☆

材料

无盐黄油100克，糖粉45克，蛋白30克，低筋面粉100克，绿茶粉15克

做法

1. 无盐黄油室温软化，放入搅拌盆中。
2. 加糖粉，打至蓬松羽毛状。
3. 倒入蛋白，搅打均匀。
4. 将低筋面粉倒在筛网上。
5. 再加入绿茶粉，将两种粉类边混合均匀边过筛。
6. 将粉类拌成细腻的状态。
7. 将面糊放入装有玫瑰花嘴的裱花袋中。
8. 将裱花袋剪一个开口。
9. 在铺了油纸的烤盘上先挤出圆满的一端，收尾时上提。
10. 挤出另一端，将两端的尾部连接在一起，最后上提。
11. 曲奇之间要留有空隙。
12. 烤箱预热170℃，烤12~15分钟即可。

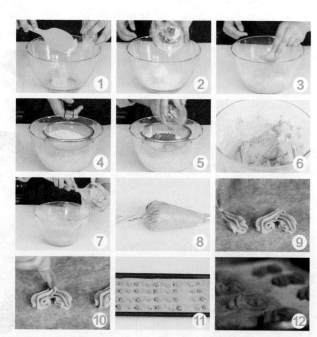

燕麦红莓冷切曲奇

⏱ 烘焙：15～18分钟　　🍲 难易度：★★☆

🍶 材 料

无盐黄油65克，玉米糖浆60克，鸡蛋1个，即食燕麦片70克，低筋面粉100克，泡打粉1克，红莓干40克

👩‍🍳 做 法

1 准备好搅拌盆等工具。

2 将室温软化的无盐黄油放入其中，倒入玉米糖浆。

3 用手动打蛋器大力搅拌至糖浆与黄油完全融合。

4 加入鸡蛋，再加入红莓干。

5 倒入即食燕麦片。

6 将全蛋液、红莓干、即食燕麦片同时搅拌均匀。

7 筛入低筋面粉、泡打粉。

8 摁压至无干粉，揉成面团。

9 将面团搓成圆柱形。

10 包上油纸，入冰箱冷冻30分钟。

11 拿出面团，切出厚度为3毫米的饼干坯，放在烤盘上。

12 烤箱预热160℃，置于烤箱中层烤15～18分钟即可。

烘焙妙招

面糊装入裱花袋的时候，可以将裱花袋装在一个杯子里套着，倒入面糊，这样面糊就会轻松进入裱花袋。

蜂巢杏仁曲奇

🕐 烘焙：20分钟　　🍲 难易度：★★☆

📖 材料

无盐黄油100克，细砂糖120克，蜂蜜40克，牛奶50毫升，大杏仁140克，香草精1克，低筋面粉140克

👨‍🍳 做法

1　无盐黄油隔水熔化。
2　将熔化的无盐黄油放入搅拌盆中，加入细砂糖。
3　用橡皮刮刀搅拌均匀。
4　密封袋中放入大杏仁，用擀面杖将杏仁擀成杏仁碎。
5　将杏仁碎加入到黄油盆中。
6　加入蜂蜜，搅拌均匀。
7　加入牛奶，搅拌均匀。
8　最后加入香草精，搅拌至完全融合。
9　一次性过筛低筋面粉。
10　拌至无干粉、光滑细腻的状态。
11　面糊放入裱花袋，剪开口，将面糊挤入放了油纸的烤盘中。
12　烤箱预热170℃，烤盘置于烤箱的中层，烤20分钟即可。

彩糖咖啡杏仁曲奇

⏱ 烘焙：17分钟　🍲 难易度：★★☆

🥣 材料

饼干体：无盐黄油80克，糖粉52克，速溶咖啡粉5克，淡奶油25克，低筋面粉130克，杏仁片40克；**装饰**：彩色糖粒适量

👨‍🍳 做法

1. 无盐黄油室温软化后，放入搅拌盆中，加糖粉，搅拌均匀。

2. 将速溶咖啡粉加入淡奶油中，拌匀成咖啡奶油，倒入装有无盐黄油的搅拌盆中。

3. 筛入低筋面粉，用橡皮刮刀搅拌均匀至无干粉。

4. 加入杏仁片。

5. 拌匀，揉成光滑的面团，再包上保鲜膜。

6. 将面团连保鲜膜一起放入长方形饼干模具中，表面压平整，入冰箱冷冻约15分钟。

7. 取出饼干面团，将其切成厚度约4毫米的饼干坯，放在烤盘上，在每个饼干坯表面撒上彩色糖粒作装饰。

8. 烤箱以上、下火150℃预热，将烤盘置于烤箱的中层，烘烤17分钟即可。

好吃又营养

蛋白含有蛋白质、
卵磷脂、蛋黄素及
多种维生素、矿物
质，可以起到增强
免疫力的作用。

樱桃硬糖曲奇

⏱ 烘焙：12分钟　🍲 难易度：★★☆

🧂 材料

无盐黄油50克，糖粉25克，盐1克，全蛋液20克，低筋面粉100克，泡打粉1克，樱桃味硬糖适量，黑巧克力适量

👨‍🍳 做法

1 无盐黄油室温软化。

2 加糖粉打发，至呈现出蓬松羽毛状，再加入盐，搅打均匀。

3 加入全蛋液，搅打均匀。

4 将低筋面粉和泡打粉筛入黄油碗中。

5 拌匀，揉成光滑的面团。

6 用擀面杖将面团擀成厚度约为2毫米的面片。

7 使用花型压模压出形状。

8 其中一半压好的面片，用裱花嘴压出对称的小圆。

9 将压了小圆的面片贴合在完整的面片之上。

10 面片置于烤盘，烤箱预热160℃，放入饼干，烤7分钟。

11 将樱桃味硬糖压碎。

12 取出饼干，将糖碎放在饼干的小圆凹槽中，烤箱升温至180℃，烤5分钟。

13 观察饼干上色情况，取出饼干。

14 用装入了隔水熔化的黑巧克力液的裱花袋在饼干上画出樱桃梗的形状即可。

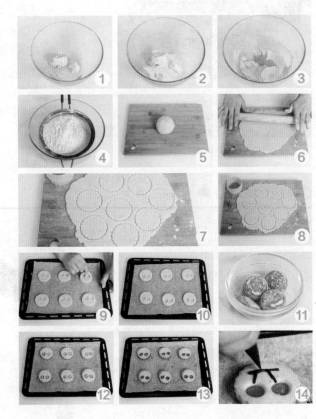

> ### 烘焙妙招
> 硬糖的熔点高，不到180℃的话，可能无法熔成糖浆。

香葱曲奇

🕐 烘焙：25分钟　　🍲 难易度：★ ☆ ☆

📋 材 料

饼干预拌粉250克，白砂糖110克，鸡蛋1个，油20毫升，葱花蓉30克，盐45克，黄油30克

👨‍🍳 做 法

1　空碗中倒入多功能饼干预拌粉，取少量盐将准备好的葱花蓉腌渍。

2　在预拌粉中打入鸡蛋，加入黄油、油和剩下的食盐，搅拌均匀后，再倒入之前腌渍的葱花蓉，搅拌均匀，做成面糊。

3　用长柄刮板把面糊装入裱花袋中，并均匀地挤在烤盘上，将烤盘放入预热好的烤箱，以上、下火160℃，烤约25分钟，取出烤好的曲奇即可。

🕐 烘焙：25分钟　　🍲 难易度：★ ☆ ☆

肉松曲奇

📋 材 料

多功能饼干预拌粉250克，肉松30克，鸡蛋1个，盐3克，黄油120克，白砂糖90克

👨‍🍳 做 法

1　玻璃碗中依次倒入多功能饼干预拌粉、白砂糖、盐，搅拌均匀。

2　加入鸡蛋和黄油，揉成面团（揉3分钟），再加入肉松，搅拌均匀。

3　面团放在油纸上，整理成圆柱形，放入冰箱冰冻约40分钟。

4　将冷冻好的面团用刀切成5毫米的薄片，均匀地摆放在烤盘里。

5　烤盘放入预热好的烤箱中，以上、下火160℃，烤约25分钟，取出即可。

南瓜曲奇

⏱ 烘焙：15分钟　　🍲 难易度：★★☆

📖 材料

饼干体：无盐黄油65克，糖粉20克，盐1克，蛋黄20克，低筋面粉170克，熟南瓜60克；**装饰**：南瓜子15克

扫一扫学烘焙

👨‍🍳 做法

1　将室温软化的无盐黄油和糖粉放入搅拌盆中，用橡皮刮刀搅拌均匀。

2　加入盐，倒入蛋黄继续搅拌，至材料与无盐黄油完全融合。

3　加入熟南瓜，用电动打蛋器搅打均匀。

4　筛入低筋面粉，用橡皮刮刀搅拌至无干粉，用手轻轻揉成光滑的面团。

5　将面团揉搓成圆柱体，再用油纸包好，放入冰箱，冷冻约30分钟。

6　取出面团，用刀切成厚度约4.5毫米的饼干坯，放在烤盘上。

7　将南瓜子撒在每个饼干坯的表面上。

8　放进预热至175℃的烤箱中层，烤15分钟即可。

> **烘焙妙招**
> 制作过程中粉类最好都过筛，让空气进入到面粉里。

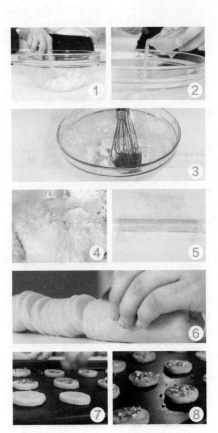

海盐小麦曲奇

🕐 烘焙：13分钟　📷 难易度：★☆☆

🍳 材料

无盐黄油40克，黄砂糖40克，盐3克，泡打粉1克，牛奶10毫升，低筋面粉60克，小麦面粉30克

👨‍🍳 做法

1　将无盐黄油、牛奶倒入搅拌盆中，用手动打蛋器或者橡皮刮刀搅拌均匀。

2　加入黄砂糖，搅拌均匀。

3　加入小麦面粉，搅拌均匀。

4　加入泡打粉、盐，搅拌均匀。

5　筛入低筋面粉，用橡皮刮刀继续搅拌至无干粉，用手轻轻揉成光滑的面团。

6　将制好的面团，放入长方形饼干模具中，入冰箱冷冻约30分钟。

7　拿出长方形饼干模具，取出面团，将其切成厚度约5毫米的饼干坯，放在烤盘上。

8　烤箱以上、下火180℃预热，将烤盘置于烤箱中层，烘烤13分钟即可。

烘焙妙招

切饼干坯的时候不要拖动，以免破坏饼干的形状。

烘焙妙招

如果喜欢杏仁，可以在入烤箱前，在饼干表面放上些许杏仁片。如果希望饼干更薄，可使用瓦片模具，注入曲奇面糊后，用刮板将多余的面糊刮掉。

瓦片杏仁曲奇

⏱ 烘焙：18分钟　🍲 难易度：★☆☆

🫙 材 料

蛋白80克，糖粉80克，低筋面粉50克，杏仁片100克，无盐黄油36克

👨‍🍳 做 法

1 将蛋白放入搅拌盆中。

2 加入三分之一糖粉，搅打起泡。

3 接着再加入三分之一糖粉，搅打至蛋白的泡变小。

4 最后一次性加入所有的糖粉。

5 搅打至蛋白变硬，富有光泽，也就是硬性发泡的状态。

6 筛入低筋面粉。

7 翻拌至无颗粒细腻的状态。

8 将无盐黄油隔水熔化成液体。

9 倒入面糊中，搅拌均匀，一次性加入所有的杏仁片，充分混合。

10 将面糊装入裱花袋，剪开口。

11 裱花袋与烤盘垂直，挤出面糊，面糊直径大约为5厘米。

12 烤箱预热160℃，放入烤盘，烤18分钟即可。

圣诞姜饼

⏱ 烘焙：15～18分钟　🍲 难易度：★★☆

📋材料

低筋面粉130克，糖粉50克，无盐黄油65克，彩色装饰糖果适量，蛋黄1个，肉桂粉2克，姜粉5克，白色巧克力笔1支，黑色巧克力笔1支，橙色巧克力笔1支，粉色巧克力笔1支

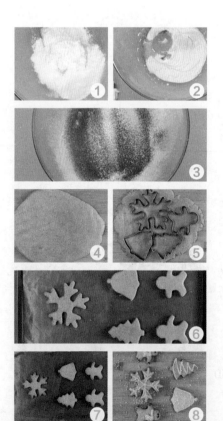

👨‍🍳做法

1　黄油室温软化后放入搅拌盆中，加糖粉搅打至蓬松发白的羽毛状。

2　加入蛋黄，搅打均匀。

3　筛入低筋面粉，再筛入姜粉和肉桂粉，揉成光滑的面团。

4　将面团擀成厚度为5毫米的面片。

5　用具有圣诞气氛的模具压出饼干坯。

6　使用刮板协助，将饼干坯移动到烤盘上。

7　烤箱调温至170℃，烤盘置于烤箱中层，烘烤15～18分钟。

8　取出后，用各色巧克力笔装饰一下，并撒上彩色装饰糖果即完成。

> **烘焙妙招**
>
> 将面团擀平的过程中，可以在面团的表面覆上保鲜膜。

扭扭曲奇条

⏱ 烘焙：10分钟　🍲 难易度：★☆☆

🥣 材料

无盐黄油80克，绵白糖60克，鸡蛋液25克，低筋面粉100克，可可粉8克，香草精适量

👨‍🍳 做法

1 将无盐黄油放入干净的搅拌盆中，加入绵白糖搅拌均匀，倒入鸡蛋液，搅拌均匀。

2 倒入香草精，以去除鸡蛋液中的腥味。

3 筛入低筋面粉，拌匀，揉成光滑的面团。

4 分出一半的面团，加入可可粉揉均匀。

5 将两份面团，分别用擀面杖擀平，切成正方形，再切成长条形饼干坯。

6 然后将黑、白饼干坯分别扭成螺旋形。

7 烤箱预热170℃，将烤盘置于烤箱的中层，烘烤10分钟即可。

原味雪球饼干

⏱ 烘焙：15分钟　🍲 难易度：★☆☆

🥣 材料

饼干体：无盐黄油80克，糖粉40克，盐1克，低筋面粉120克，杏仁粉40克，杏仁片30克；**装饰**：糖粉20克

👨‍🍳 做法

1 无盐黄油放入盆中，搅打至蓬松发白。

2 加入糖粉和盐，搅打匀，筛入低筋面粉、杏仁粉，再加入杏仁片，拌至无干粉。

3 将面团稍稍压扁，用保鲜膜包好，再放入冰箱冷藏约1小时。取出后将面团分成每个20克的饼干坯，揉圆，放在烤盘上。

4 烤箱以上、下火170℃预热，将烤盘置于烤箱的中层，烘烤15分钟，取出，放入塑料袋，加入糖粉，拧紧袋口，摇晃匀即可。

奶香芝士饼干

⏱ 烘焙：18分钟　　🍳 难易度：★☆☆

📋 材料

无盐黄油50克，盐5克，细砂糖40克，全蛋液35克，低筋面粉120克，芝士粉50克，牛奶25毫升

👨‍🍳 做法

1 无盐黄油室温软化后放入搅拌盆中，加入细砂糖和盐搅打至蓬松羽毛状。

2 加入全蛋液和牛奶，搅匀，筛入低筋面粉和30克芝士粉，切拌均匀后，揉成面团。

3 将面团搓成长条，分成20克一个的面团。

4 将小面团捏成正方形。

5 在表面划一个十字，并在表面撒上剩余的芝士粉。烤箱预热160℃，烤盘置于烤箱的中层，烘烤18分钟即可出炉。

蔓越莓燕麦饼干

⏱ 烘焙：15分钟　　🍳 难易度：★☆☆

📋 材 料

饼干体：无盐黄油28克，细砂糖83克，鸡蛋液20克，淡奶油5克，燕麦片10克，低筋面粉80克；**装饰：**蔓越莓干适量

👨‍🍳 做法

1 无盐黄油和细砂糖拌匀后，用电动打蛋器稍微打发，倒入鸡蛋液和淡奶油搅打匀。

2 加入燕麦片，再筛入低筋面粉翻拌均匀，揉成光滑的面团。

3 将面团分成等量的小面团，放置在烤盘上，用手指在小面团的中央按出凹洞。

4 将蔓越莓干放入凹洞中。

5 将烤盘放进预热至175℃的烤箱中层，烘烤15分钟即可。

巧克力燕麦球

⏱ 烘焙：16分钟　🍲 难易度：★★☆

📋 材料

无盐黄油75克，细砂糖100克，鸡蛋液25克，中筋面粉50克，泡打粉2克，可可粉5克，燕麦片100克，巧克力25克

扫一扫学烘焙

👨‍🍳 做法

1. 将无盐黄油放入干净的搅拌盆中，加入细砂糖，用橡皮刮刀搅拌均匀。

2. 倒入鸡蛋液，搅拌均匀。

3. 加入燕麦片，混合均匀。

4. 加入泡打粉，筛入中筋面粉和可可粉。

5. 揉成光滑的面团。

6. 将面团分成每个30克的小饼干坯，搓圆，放在烤盘上。烤箱预热175℃，将烤盘置于烤箱的中层，烘烤16分钟，拿出放凉。

7. 巧克力隔温水熔化，再将熔化的巧克力液装入裱花袋中。

8. 裱花袋用剪刀剪出一个1～2毫米的小口，将熔化的巧克力液挤在饼干的表面作装饰。

> **烘焙妙招**
> 搓揉面团的时候，手上可以撒些面粉，可防止粘手。

巧克力玻璃珠

⏱ 烘焙：12分钟　🍲 难易度：★☆☆

🫙 材料

饼干体：无盐黄油30克，橄榄油20毫升，细砂糖35克，盐0.5克，低筋面粉80克，杏仁粉20克，蛋黄50克，香草精2克；**装饰**：黑巧克力80克，开心果适量，燕麦片适量

🧑‍🍳 做 法

1　将室温软化的无盐黄油和橄榄油混合，再加入细砂糖、盐、蛋黄、香草精拌匀，筛入低筋面粉、杏仁粉切拌均匀，揉成面团。

2　将面团分成每个约10克的圆球，放置在烤盘上，放进预热至175℃的烤箱烤12分钟。

3　将黑巧克力隔水加热熔化，烤好的饼干半边浸入巧克力液中，再撒上开心果碎或燕麦片即可。

巧克力雪球饼干

⏱ 烘焙：15分钟　🍲 难易度：★☆☆

🫙 材 料

雪球体：无盐黄油80克，糖粉40克，盐1克，低筋面粉120克，杏仁粉30克，可可粉15克；**装饰**：糖粉20克

🧑‍🍳 做 法

1　将室温软化的无盐黄油放入搅打盆中，打至发白蓬松状，倒入糖粉、盐、低筋面粉、杏仁粉和可可粉，拌匀，揉成光滑的面团，用保鲜膜包好，冷冻1小时。

2　取出后将面团分成每个20克的小面团，揉圆，放在烤盘上。

3　烤箱上、下火170℃预热，放入烤盘，烘烤15分钟取出。塑料袋中放入饼干、糖粉，拧紧袋口，轻轻晃匀即可。

全麦巧克力薄饼

⏱ 烘焙：12~15分钟　　🍲 难易度：★★☆

📋 **材料**

饼干体：低筋面粉70克，淡奶油10克，全麦面粉25克，无盐黄油50克，细砂糖30克，盐0.5克；**装饰**：黑巧克力100克

扫一扫学烘焙

👨‍🍳 **做 法**

1. 取一个盆，放入无盐黄油和细砂糖，拌匀。
2. 倒入淡奶油，搅拌均匀。
3. 加入盐，搅拌均匀。
4. 加入全麦面粉、筛入低筋面粉，搅拌至无干粉，用手轻轻揉成光滑的面团。
5. 用擀面杖将面团擀成厚度约4毫米的面片。
6. 用圆形模具在面片上压出饼干坯。
7. 其中一半的饼干坯中心处用星星模具镂空，将其覆盖在另一半完整的饼干坯上。烤箱预热180℃，将烤盘置于烤箱的中层，烘烤12~15分钟。
8. 取出后，将熔化的黑巧克力液注入饼干中心处的星星凹槽中作装饰。

> **烘焙妙招**
>
> 每个烤箱的温度有稍许误差，建议买烤箱温度计来测温度。

榛果巧克力焦糖夹心饼干

⏱ 烘焙：20分钟　　🍲 难易度：★★☆

🍶 材 料

饼干体：无盐黄油70克，榛果巧克力酱50克，糖粉60克，鸡蛋液15克，低筋面粉123克，可可粉12克；**焦糖夹心馅**：盐1克，细砂糖25克，水4毫升，淡奶油28克，有盐黄油34克，吉利丁片1片

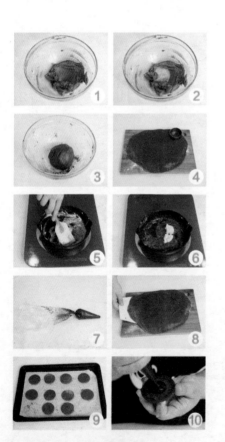

👨‍🍳 做 法

1　室温软化的无盐黄油加榛果巧克力酱、糖粉，用橡皮刮刀搅拌均匀。

2　倒入鸡蛋液搅拌均匀。

3　筛入低筋面粉、可可粉拌匀，揉成面团。

4　将面团擀成厚度为4毫米的饼干面皮，用圆形饼干模具裁切出圆形，放入冰箱冷冻30分钟。

5　将淡奶油、水、细砂糖煮至120℃，出现焦色后关火，加入部分有盐黄油搅拌均匀。

6　加入泡软的吉利丁片搅拌均匀，加入盐和剩下的有盐黄油搅拌均匀，即成焦糖夹心馅。

7　完成后放凉，将焦糖夹心馅放入裱花袋中。

8　将冰箱中的面皮取出，除去多余的面皮，用圆形模具压制出饼干坯。

9　将饼干坯放置在烤盘上，再放入预热至160℃的烤箱中层，烘烤20分钟。

10　取出后放凉，其中一半的饼干内侧挤上焦糖夹心馅，再用另一半饼干分别盖上即可。

豆浆巧克力豆饼干

⏱ 烘焙：10分钟　🍳 难易度：★☆☆

🥣 材料

亚麻籽油30毫升，豆浆25毫升，枫糖浆40克，盐1克，低筋面粉103克，泡打粉1克，苏打粉2克，核桃碎30克，巧克力豆（切碎）40克

👨‍🍳 做法

1 将亚麻籽油、豆浆、枫糖浆、盐倒入搅拌盆中，用手动打蛋器搅拌均匀。

2 将低筋面粉、泡打粉、苏打粉过筛至搅拌盆里。

3 用橡皮刮刀翻拌至无干粉的状态。

4 倒入巧克力豆碎、核桃碎，继续翻拌均匀，制成饼干面团。

5 将饼干面团分成每个重量约30克的小面团，用手揉搓成圆形。

6 将圆形的小面团压扁成饼干坯，放在铺有油纸的烤盘上。

7 将烤盘放入已预热至180℃的烤箱中层，烤约10分钟至饼干坯表面上色。

8 取出烤好的饼干装入盘中即可。

> **烘焙妙招** 🍴
> 可将核桃碾碎后再使用，这样成品的口感更好。

杏仁巧克力烟卷

⏱ 烘焙：7~9分钟　　🍲 难易度：★☆☆

📦 材料

饼干体： 蛋白50克，细砂糖35克，糖粉20克，杏仁粉50克，低筋面粉8克；**装饰：** 苦甜巧克力适量，杏仁碎适量

👨‍🍳 做法

1　将蛋白打至有大气泡，分两次加入细砂糖打至可拉出鹰嘴状的钩，筛入糖粉、低筋面粉、杏仁粉，搅拌均匀成细腻的面糊。

2　将面糊抹在方形瓦片饼干模具中，刮平。

3　揭起瓦片饼干模具，将烤盘放进预热至180℃的烤箱中层，烘烤7~9分钟。

4　出烤箱后立即将薄片卷起，静置冷却。

5　将苦甜巧克力隔水加热熔化，将饼干两端蘸上黑巧克力液和杏仁碎即可。

龙猫薄饼

⏱ 烘焙：18分钟　　🍲 难易度：★☆☆

📦 材料

无盐黄油75克，糖粉25克，蛋黄15克，低筋面粉80克，玉米淀粉35克，可可粉10克，香草精2克

👨‍🍳 做法

1　在室温软化的无盐黄油中加入糖粉、蛋黄、香草精搅拌均匀。

2　筛入玉米淀粉、可可粉、低筋面粉，拌匀，揉成面团，擀成厚度约4毫米的面片，用龙猫模具在面片上压出饼干坯。

3　清除多余的面片，用圆形模具给每只龙猫压出肚子的痕迹，不要压断。

4　烤箱以上火170℃、下火160℃预热，放入烤盘，烘烤18分钟即可。

意式可可脆饼

🕐 烘焙：15分钟　　🍳 难易度：★☆☆

📋 材 料

无盐黄油50克，细砂糖70克，盐1克，鸡蛋1个，低筋面粉200克，杏仁粉50克，泡打粉2克，牛奶30毫升，入炉巧克力50克，可可粉15克

👨‍🍳 做 法

1 入炉巧克力切碎备用。

2 将室温软化的无盐黄油放入搅拌盆中，用电动打蛋器搅打，再加入细砂糖，打至蓬松发白。

3 倒入鸡蛋、牛奶，每倒入一样都需要搅打均匀。

4 筛入低筋面粉、杏仁粉、可可粉、泡打粉，用橡皮刮刀搅拌至无干粉。

5 加入入炉巧克力碎和盐，揉成光滑的面团。

6 将面团揉搓成圆柱体，再用油纸包好，放入冰箱，冷冻约30分钟。

7 取出面团，用刀切成约4.5毫米厚的饼干坯，放在烤盘上。

8 烤箱预热175℃，将烤盘置于的烤箱中层，烘烤15分钟即可。

> **烘焙妙招** 🥄
> 可以配合牛奶食用，这样风味更佳。

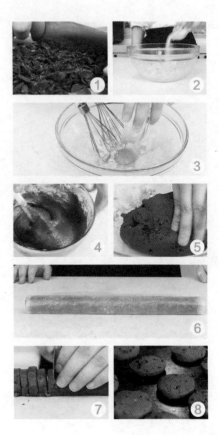

可可卡蕾特

🕐 烘焙：15分钟　　📦 难易度：★☆☆

📋 **材料**

饼干体：无盐黄油85克，糖粉70克，巧克力酱30克，鸡蛋液18克，朗姆酒5毫升，低筋面粉70克，可可粉5克；**装饰**：鸡蛋液少许

扫一扫学烘焙

👨‍🍳 **做 法**

1　将无盐黄油放入干净的搅拌盆中，加入糖粉，用电动打蛋器搅打至蓬松发白。

2　加入巧克力酱，搅打均匀。

3　倒入鸡蛋液。

4　用电动打蛋器搅打均匀。

5　筛入低筋面粉和可可粉，搅拌至无干粉。

6　倒入朗姆酒，拌成光滑的面团后稍压扁，再包上保鲜膜放入冰箱冷冻约15分钟。

7　取出面团，擀成厚度约4毫米的面片，用花型模具压出相应花形的饼干坯。

8　在饼干坯的表面刷上鸡蛋液，烤箱预热180℃，将烤盘置于烤箱中层，烘烤15分钟即可。

> **烘焙妙招**
> 饼干的造型可以改变，重点是每块饼干的大小要均匀。

坚果法式薄饼

🕐 烘焙：10分钟　🍫 难易度：★☆☆

📋 材料

饼干体：无盐黄油85克，糖粉50克，盐0.5克，鸡蛋液25克，香草精3克，低筋面粉85克，杏仁粉45克；**装饰**：榛果、杏仁、开心果、蛋白、巧克力液各适量

👨‍🍳 做法

1　将室温软化的无盐黄油充分搅拌，加入糖粉和盐，搅拌均匀。

2　再分次加入鸡蛋液继续搅拌均匀。

3　加入香草精搅拌均匀。

4　筛入低筋面粉、杏仁粉，搅拌均匀成光滑的面糊。

5　裱花袋装上圆齿花嘴，将面糊装入裱花袋。

6　在铺好油纸的烤盘上挤出长约6厘米的饼干坯。

7　在饼干坯的表面放上榛果、杏仁、开心果作装饰，并涂上少许蛋白。

8　烤盘放入预热175℃的烤箱，烘烤约10分钟取出放凉后，在表面装饰少许巧克力液即可。

烘焙妙招

榛果、杏仁、开心果也以换成其他坚果，压碎更好。

全麦薄饼

🕐 烘焙：12～15分钟　　🍲 难易度：★☆☆

🍯 材 料

全麦面粉150克，黄砂糖60克，盐1克，泡打粉1克，牛奶30毫升，无盐黄油60克

🍞 做 法

1　将室温软化的无盐黄油放入搅拌盆中，用橡皮刮刀压软。

2　加入黄砂糖，倒入牛奶、盐、泡打粉，搅拌均匀，加入全麦面粉，拌匀，揉成光滑的面团。

3　用擀面杖将面团擀成厚度约4毫米的面片，用圆形模具，压出饼干坯。

4　烤箱预热180℃，将烤盘置于烤箱的中层，烘烤12～15分钟即可。

🕐 烘焙：17分钟　　🍲 难易度：★☆☆

芝士番茄饼干

🍯 材 料

饼干体：奶油芝士30克，糖粉75克，无盐黄油30克，鸡蛋液35克，芝士粉45克，番茄酱60克，低筋面粉100克，黑胡椒粒1克，披萨草2克；**装饰**：糖粉适量

🍞 做 法

1　将室温软化的奶油芝士和一半的糖粉拌匀，再加入室温软化的无盐黄油和剩余的糖粉拌匀。倒入鸡蛋液、芝士粉、番茄酱拌匀，筛入低筋面粉拌匀，倒入黑胡椒粒和披萨草拌成面糊。

2　将面糊装入装有圆齿花嘴的裱花袋中，挤在烤盘上。在饼干坯上撒上适量的糖粉，放进预热至160℃的烤箱烤17分钟即可。

花形焦糖杏仁饼干

⏱ 烘焙：20分钟　🍲 难易度：★★☆

🍯 **材料**

饼干体：有盐黄油65克，糖粉40克，淡奶油15克，咖啡酱3克，低筋面粉105克；**焦糖杏仁馅：**细砂糖45克，透明麦芽糖225克，蜂蜜75克，淡奶油75克，有盐黄油15克，杏仁碎33克

👨‍🍳 **做 法**

1. 将室温软化的有盐黄油、糖粉用打蛋器打发。
2. 倒入淡奶油和咖啡酱搅拌至完全融合。
3. 筛入低筋面粉搅拌均匀，再揉成光滑的面团。
4. 将面团擀成厚度为4毫米的饼干面皮。
5. 用花形模具裁切出花形饼干坯，并用小圆形模具在花形饼干坯中间抠出一个圆形，放入冰箱冷藏直至饼干坯变硬。
6. 将细砂糖、透明麦芽糖、蜂蜜、淡奶油、有盐黄油放进锅里煮。
7. 煮至细砂糖熔化再加入杏仁碎搅拌均匀，制成焦糖杏仁馅。
8. 取出饼干坯，将焦糖杏仁馅倒入镂空的部分，放进预热至150℃的烤箱烘烤20分钟即可。

> **烘焙妙招** 🥢
> 戳洞前模具都沾一下干粉，
> 以免碰到使其变形。

好吃又营养
麦芽糖是米、大麦、粟或玉蜀黍等粮食经发酵制成的糖,甜度不高,可生津去燥。

伯爵芝麻黑糖饼干

⏱ 烘焙：18～20分钟　🍲 难易度：★★☆

📦 材料

饼干体：有盐黄油75克，糖粉40克，蛋白15克，低筋面粉105克，伯爵茶粉2克；**焦糖芝麻馅**：细砂糖41克，麦芽糖20克，蜂蜜7克，有盐黄油13克，淡奶油7克，黑芝麻30克

👨‍🍳 做法

1　将室温软化的有盐黄油和糖粉倒入搅打盆中搅拌均匀，然后用电动打蛋器打至蓬松发白状。

2　倒入蛋白搅打均匀。

3　倒入伯爵茶粉。

4　筛入低筋面粉翻拌均匀，揉成面团，放入冰箱冷藏30分钟后取出。

5　用擀面杖将面团擀成约4毫米厚的饼干面皮。

6　用六角形饼干模具在面皮上裁切出六角星形状的饼干坯，再用圆形模具在中间裁切出一个圆形并抠掉。

7　将细砂糖、麦芽糖、蜂蜜、有盐黄油、淡奶油倒入锅里加热至细砂糖熔化，倒入炒过的黑芝麻搅拌均匀即成焦糖芝麻馅。

8　将饼干坯放置在烤盘上，把焦糖芝麻馅填入饼干坯中，烤盘放入预热至150℃的烤箱中层，烘烤18～20分钟即可。

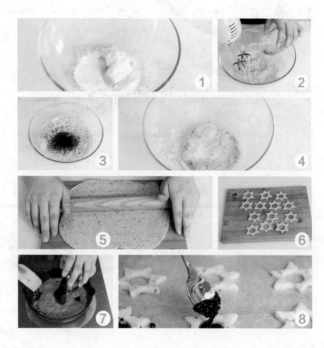

> **烘焙妙招** 🥄
> 裁切的圆形不要太深，以免芝麻馅在烘烤的时候溢出。

凤梨酸奶饼干

🕐 烘焙：20分钟　　🍲 难易度：★★☆

📋 材 料

饼干体：无盐黄油40克，细砂糖100克，原味酸奶45毫升，低筋面粉130克，凤梨酱50克；**装饰**：玉米片20克，椰蓉20克

👨‍🍳 做 法

1　将无盐黄油和细砂糖倒入搅拌盆中，用橡皮刮刀搅拌均匀。

2　分次加入原味酸奶，搅拌均匀。

3　筛入低筋面粉搅拌均匀。

4　倒入凤梨酱，用橡皮刮刀搅拌均匀。

5　将面团分成等份的小面团，外层裹上椰蓉和玉米片，放置在铺好油纸的烤盘上，用手轻轻压扁，烤盘放进预热至170℃的烤箱中层烘烤20分钟即可。

🕐 烘焙：23分钟　　🍲 难易度：★★☆

南瓜芝士饼干

📋 材 料

有盐黄油50克，麦芽糖80克，鸡蛋液10克，南瓜60克，杏仁粉15克，芝士粉10克，低筋面粉130克

👨‍🍳 做 法

1　搅拌盆中倒入室温软化的有盐黄油、麦芽糖搅打均匀，分次加入鸡蛋，拌至发白。

2　加入蒸熟压成泥的南瓜，搅拌均匀，倒入已经过筛的杏仁粉、芝士粉、低筋面粉搅拌成面团，擀成厚度为4毫米的饼干面皮。

3　用小鹿饼干模具在擀平的面皮上裁切出小鹿形状的饼干坯，放在铺好油纸的烤盘上，放入冰箱冷藏30分钟左右取出，放入预热至170℃的烤箱，烤23分钟即可。

林兹挞饼干

⏱ 烘焙：30分钟　🍲 难易度：★★☆

📖 材 料

无盐黄油86克，糖粉65克，鸡蛋液11克，低筋面粉90克，杏仁粉64克，草莓果酱100克

👨‍🍳 做 法

1. 将室温软化的无盐黄油和糖粉搅拌均匀，用电动打蛋器稍微打发。

2. 倒入鸡蛋液，搅打均匀。

3. 筛入低筋面粉、杏仁粉，用橡皮刮刀翻拌均匀，成光滑的面糊。

4. 取正方形的烤模，将200克面糊放入烤模中。

5. 草莓果酱装入裱花袋中，剪一个小口挤在面糊的表层，然后用橡皮刮刀抹平。

6. 将剩余的面糊装入裱花袋中，在草莓果酱层之上挤出网状面糊。

7. 烤模置于烤盘上，放入预热至180℃的烤箱中，烘烤约30分钟。

8. 取出，将林兹挞放凉，脱模切块即可。

> **烘焙妙招**
> 草莓酱倒入面糊上最好要铺匀，这样外形才好看。

花样坚果饼干

⏱ 烘焙：15分钟　🍲 难易度：★★☆

🫙 材料

饼干体：无盐黄油70克，花生酱30克，糖粉100克，盐1克，蛋黄40克，低筋面粉120克，杏仁粉50克，可可粉10克，牛奶15毫升；**装饰**：蛋白30克，核桃碎40克，杏仁适量，草莓果酱适量

👨‍🍳 做法

1　将无盐黄油和花生酱放入搅拌盆中，搅打均匀。

2　加入糖粉和盐，搅拌均匀。

3　倒入蛋黄、牛奶，每倒入一样都需要搅拌均匀。

4　依次筛入低筋面粉、杏仁粉、可可粉，用橡皮刮刀搅拌至无干粉，揉成光滑的面团。

5　将面团包上一层保鲜膜，放入冰箱冷藏1小时。

6　将面团分成每个15克的饼干坯，揉圆。

7　将面团压扁，取杏仁放在表面，或者蘸上蛋白、裹上核桃碎作装饰。

8　烤箱以上、下火180℃预热，将烤盘置于烤箱中层，烘烤15分钟即可，取出后可以在裹上核桃碎的饼干中心装饰草莓果酱即可。

> **烘焙妙招**
>
> 经烘烤后，饼干体积会膨大，因此生坯之间要留空隙。

椰香核桃饼干

⏱ 烘焙：30分钟　🍲 难易度：★☆☆

🧂 **材 料**

饼干体：椰浆30毫升，细砂糖50克，大豆油45毫升，鸡蛋液25克，低筋面粉120，椰子粉35克；**装饰**：核桃25克

👨‍🍳 **做 法**

1. 将椰浆和细砂糖用打蛋器搅拌均匀。
2. 加入大豆油，搅拌均匀。
3. 倒入鸡蛋液继续搅拌均匀。
4. 筛入低筋面粉、椰子粉，搅拌均匀成细腻的面糊。
5. 将面糊装入装有圆齿花嘴的裱花袋中，并在烤盘上挤出花形饼干坯。
6. 在饼干坯上装饰核桃，将烤盘放进预热至150℃的烤箱中层，烘烤30分钟即可。

杏仁瓦片饼干

⏱ 烘焙：12～15分钟　🍲 难易度：★★☆

🧂 **材 料**

蛋白60克，细砂糖50克，低筋面粉35克，杏仁片50克，无盐黄油40克

👨‍🍳 **做 法**

1. 将蛋白装进搅拌盆，打出细微的泡沫。
2. 加入细砂糖，然后用电动打蛋器搅打30秒左右至细砂糖与蛋白完全融合。
3. 加入过筛好的低筋面粉、杏仁片，拌匀。无盐黄油放入微波炉，加热30秒至熔化。
4. 面糊中加入熔化的无盐黄油，搅拌均匀。
5. 将面糊放入裱花袋中，用剪刀剪出直径约8毫米的开口，在烤盘中挤出圆形饼干坯。
6. 烤箱预热至160℃，将烤盘置于烤箱的中层，烘烤12～15分钟，待边缘呈金黄色即可。

芝士脆饼

⏱ 烘焙：15分钟　🍲 难易度：★☆☆

🥣 **材 料**

无盐黄油100克，细砂糖60克，蛋黄20克，低筋面粉160克，芝士粉20克，盐1克

扫一扫学烘焙

🍳 **做 法**

1 将无盐黄油放入搅拌盆中，搅拌均匀。

2 加入细砂糖，搅拌均匀。

3 倒入蛋黄，搅拌均匀。

4 加入盐、芝士粉，再筛入低筋面粉。

5 将材料搅拌均匀至无干粉，用手轻轻揉成光滑的面团。

6 将面团用擀面杖擀成厚度约4毫米的面片。

7 先将面片切成三角形，再用圆形模具抠出圆形，做出奶酪造型的饼干坯。

8 烤箱预热至180℃，将烤盘置于烤箱的中层，烘烤15分钟即可。

🥄 **烘焙妙招**

面团要擀制成薄一点的面饼，这样更加香脆可口。

简单芝士饼干

⏱ 烘焙：15分钟　　🥘 难易度：★☆☆

📖 **材 料**

无盐黄油60克，盐1克，糖20克，全蛋液25克，低筋面粉120克，芝士粉50克

👨‍🍳 **做 法**

1. 无盐黄油室温软化，加入盐。
2. 加糖，用电动打蛋器打至体积变大、颜色发白，加入全蛋液，搅打均匀。
3. 筛入低筋面粉和芝士粉。
4. 用橡皮刮刀切拌均匀后，揉成光滑的面团。
5. 将面团用擀面杖擀成厚度为3毫米的面片。
6. 用花型模具压出饼干花型。
7. 拿出叉子，为饼干戳上透气孔。
8. 在饼干表面撒上芝士粉，将饼干坯放在铺了油纸的烤盘内，烤箱预热至170℃，将烤盘置于烤箱中层，烘烤15分钟，取出放凉即可食用。

烘焙妙招
戳上透气孔，烤出的饼干才更加漂亮，不会裂开。

烘焙妙招

该款饼干的口感有一些类似布朗尼，微苦，可以配合牛奶食用，风味更佳。

意大利浓香脆饼 ⏱ 烘焙：20分钟 🍲 难易度：★★☆

📖 材 料

杏仁粉15克，细砂糖30克，可可粉8克，泡打粉1克，低筋面粉40克，杏仁片15克，黑巧克力15克，全蛋液30克，无盐黄油5克，香草精1克，彩色糖珠适量，牛奶巧克力适量

👨‍🍳 做 法

1 在搅拌盆中加入杏仁粉、细砂糖，筛入可可粉和泡打粉。

2 筛入低筋面粉。

3 用橡皮刮刀将粉类混合均匀。

4 加入杏仁片。

5 加入黑巧克力碎。

6 将全蛋液加入面粉盆中，再加入香草精。

7 加入到隔水熔化的无盐黄油中，混合匀，制成可可面团。

8 将面团整成厚约1.5厘米的面饼。

9 隔热水熔化牛奶巧克力备用。

10 面饼放在铺了油纸的烤盘上，预热烤箱180℃，烤20分钟。

11 出炉后趁热切成条状。

12 在前端沾些许巧克力液，并撒上彩色糖珠即可。

奶香脆饼

⏱ 烘焙：15～18分钟　🍲 难易度：★ ☆ ☆

🍶 材料

无盐黄油50克，细砂糖60克，低筋面粉100克，奶粉30克，黑巧克力50克

👨‍🍳 做法

1　室温软化的无盐黄油加细砂糖，搅打至颜色发白、体积膨胀，筛入奶粉，用橡皮刮刀搅拌均匀。

2　筛入低筋面粉，用橡皮刮刀翻拌均匀至无干粉。

3　在饼干模具上抹些许低筋面粉，方便脱膜。

4　将面团放入模具中，整成正方形，并放入冰箱冷藏30分钟，方便切片操作。

5　将黑巧克力隔水熔化成巧克力液，水温不要超过50℃。

6　拿出饼干坯切片，每片约5毫米的厚度。

7　将饼干坯移到铺了油纸或者油布的烤盘上，以180℃烘烤15～18分钟。

8　拿出后，沾些许巧克力液，晾干后即可。

> **烘焙妙招**
> 揉搓材料时不需要过分用力，以免面团过硬。

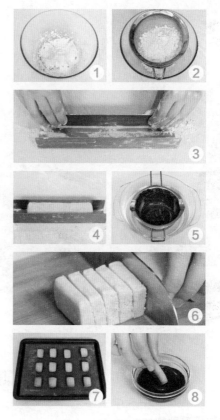

好吃又营养

豆腐素有"植物肉"之美称，对于牙齿、骨骼的生长发育有益。

豆腐饼干

⏱ 烘焙：8~10分钟　🍲 难易度：★☆☆

🏺 材料

豆腐25克，糖粉20克，全蛋液50克，盐2克，低筋面粉60克，
泡打粉1克

👨‍🍳 做法

1 用纱布包裹豆腐，将豆腐内
　的多余水分沥出。

2 将豆腐捣烂备用。

3 将全蛋液放入搅拌盆中，加
　入糖粉，翻拌均匀。

4 加入盐，拌匀。

5 加入捣烂的豆腐，筛入低筋
　面粉。

6 筛入泡打粉，切拌至无干
　粉，揉成光滑的面团。

7 在案板上铺油纸，将面团放
　在上面。

8 用擀面杖将面团擀成厚度为2
　毫米的薄片。

9 去除多余的边角，将面片整
　成方形。

10 切成长方形的条状饼干坯。

11 每个饼干坯之间留出2厘米的
　空隙，并用小叉子在饼干上
　戳上透气孔。

12 将油纸放入烤盘，预热烤箱
　175℃，烘烤8~10分钟即可。

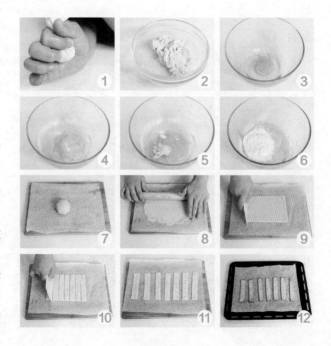

烘焙妙招
为饼干戳上透气孔，是为了
防止干性饼干断裂。

紫薯饼干

⏱ 烘焙：8分钟　🍲 难易度：★ ☆ ☆

🍮 材 料

无盐黄油60克，糖粉50克，盐0.5克，鸡蛋液25克，低筋面粉120克，紫薯泥
50克，香草精2克

👨‍🍳 做 法

1. 将室温软化的无盐黄油放入搅拌盆中充分搅拌均匀，再倒入糖粉和盐搅拌均匀。

2. 分次倒入鸡蛋液，搅拌均匀。

3. 加入香草精搅拌均匀。

4. 加入紫薯泥，用橡皮刮刀搅拌均匀。

5. 筛入低筋面粉翻拌均匀，揉成光滑的面团。

6. 用擀面杖将面团擀成厚度为4毫米的饼干面皮。

7. 使用花形饼干模具裁切出饼干坯，去除多余的面皮。

8. 将裁切好的饼干坯放置在烤盘上，用叉子在面皮上戳出一排小孔。烤盘放进预热至175℃的烤箱中层烘烤，8分钟即可。

海盐全麦饼干

⏱ 烘焙：15分钟　🍲 难易度：★☆☆

📋 材料

低筋面粉100克，全麦面粉30克，盐1克，泡打粉1克，无盐黄油40克，牛奶50毫升，海盐适量

👨‍🍳 做法

1　将低筋面粉过筛，再过筛全麦面粉，并放入盐。

2　再放入泡打粉和无盐黄油，将无盐黄油与粉类混合均匀。

3　倒入30毫升牛奶，混合均匀后，揉成光滑的面团。

4　将面团用擀面杖擀成厚度为3毫米的面片。

5　使用模具压出喜欢的形状。

6　用叉子给饼干戳出透气孔，用刮板辅助移到烤盘上。

7　使用毛刷，在饼干的表面刷上适量的牛奶。

8　饼干表面撒上海盐，放入预热温度为180℃的烤箱，烤盘置于烤箱的中层，烘烤15分钟即可。

> **烘焙妙招**
> 还可以在饼干上挤上适量的奶油和巧克力液。

葱香三角饼干

⏱ 烘焙：10分钟　🍲 难易度：★★☆

🧂 材料

中筋面粉100克，细砂糖5克，盐3克，泡打粉2克，牛奶20毫升，菜籽油10毫升，全蛋液20克，香葱适量

👨‍🍳 做 法

1　准备一个干净的搅拌盆。
2　加入过筛的中筋面粉，加入细砂糖，拌匀。
3　加入盐、泡打粉快速搅拌匀。
4　加入全蛋液，加入菜籽油，最后加入牛奶。
5　用橡皮刮刀翻拌至液体与粉类全部融合。
6　用手将面团压实。
7　加入香葱。
8　将香葱与面团重复混合在一起，保证分布均匀。
9　将面团擀成厚度约为3毫米的面片。
10　将面片切成三角的形状，以180℃烘烤10分钟即可。

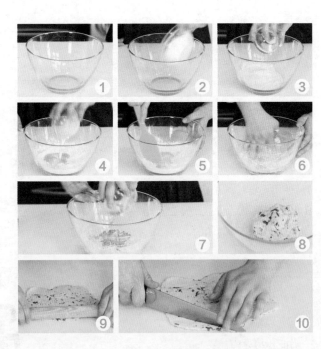

黑芝麻年轮饼干

⏱ 烘焙：15分钟　🍲 难易度：★★☆

📋 材料

饼干体：无盐黄油90克，细砂糖80克，盐1克，鸡蛋液50克，低筋面粉200克；**内馅**：黑芝麻粉80克，细砂糖50克，热水30毫升

👨‍🍳 做法

1 无盐黄油加入细砂糖、盐，打至发白。

2 倒入鸡蛋液，搅打均匀，筛入低筋面粉，拌匀，包上保鲜膜，入冰箱冷冻30分钟。

3 黑芝麻粉中加入细砂糖、热水，拌匀成黑芝麻糊。将面团擀成厚度约5毫米的面片。

4 表面涂上黑芝麻糊，卷起成圆柱体，入冰箱冷冻约30分钟，取出，切成厚度约7毫米的饼干坯。

5 烤箱预热180℃，放入饼干烤15分钟即可。

鸡蛋卷

⏱ 烘焙：8~10分钟　🍲 难易度：★☆☆

📋 材料

无盐黄油50克，细砂糖65克，蛋白70克，香草精2克，低筋面粉30克

👨‍🍳 做法

1 搅打盆中倒入室温软化的无盐黄油和细砂糖用手动打蛋器搅拌均匀。

2 分次加入蛋白，每次加入都需要搅拌均匀。

3 再加入香草精，搅拌均匀，筛入低筋面粉拌成面糊，包上保鲜膜，静置1小时。

4 将面糊搅拌一下装入有圆形花嘴的裱花袋中，在烤盘上挤出大小均匀的圆片。

5 放入预热至175℃的烤箱中层，烤8~10分钟，取出并趁热快速卷成蛋卷即可。

豆浆肉桂碧根果饼干

🕐 烘焙：20分钟　🍲 难易度：★★☆

📖 材 料

亚麻籽油30毫升，枫糖浆30克，豆浆28毫升，肉桂粉1克，香草精2克，盐1克，低筋面粉90克，泡打粉1克，碧根果粉10克，碧根果碎15克

👨‍🍳 做 法

1　将亚麻籽油、枫糖浆、豆浆、肉桂粉、香草精、盐倒入搅拌盆中。

2　用手动打蛋器将材料搅拌均匀。

3　将低筋面粉、碧根果粉、泡打粉过筛至搅拌盆里，以橡皮刮刀翻拌均匀。

4　倒入碧根果碎，继续翻拌成面团。

5　取出面团放在烤盘上，揉成圆柱状。

6　将烤盘放入已预热至180℃的烤箱中层，烤约10分钟后取出。

7　待烤好的面团放至表面有余温时，用刀切成大小一致的块。

8　再将烤盘放入已预热至180℃的烤箱中层，烤约10分钟即可。

> **烘焙妙招**
>
> 可以用筛网将粉类过筛，这样口感会更佳。

豆浆榛果布朗尼脆饼

⏱ 烘焙：35分钟　📦 难易度：★★☆

🍚 材料

亚麻籽油30毫升，枫糖浆30克，豆浆30毫升，盐0.5克，低筋面粉75克，可可粉15克，泡打粉1克，苏打粉0.5克，榛果碎15克

👨‍🍳 做法

1　将亚麻籽油、枫糖浆、豆浆、盐倒入搅拌盆中。

2　用手动打蛋器将材料搅拌均匀。

3　将低筋面粉、可可粉、泡打粉、苏打粉过筛至搅拌盆里。

4　以橡皮刮刀翻拌至无干粉的状态。

5　倒入榛果碎。

6　以橡皮刮刀翻拌均匀成面团。

7　将面团放在铺有油纸的烤盘上，用手按压成长条状的块。将烤盘放入已预热至170℃的烤箱中层，烤约25分钟，取出。

8　待脆饼表面放至有余温时，用刀切成大小一致的块，放回油纸上。再将烤盘放入已预热至170℃的烤箱中层，烤约10分钟即可。

> **烘焙妙招**
> 摊开的面皮厚度要适宜，太厚会不酥脆，过薄则易焦。

香果长条饼干

🕐 烘焙：18分钟　🍲 难易度：★☆☆

📋 材料

高筋面粉78克，低筋面粉78克，全蛋液35克，蛋白12克，奶粉10克，无盐黄油60克，蔓越莓干8克，玉米片8克，开心果碎8克，盐1克，糖粉适量

👨‍🍳 做法

1 将室温软化的无盐黄油、糖粉倒入大玻璃碗中，拌匀，倒入盐，搅打匀。

2 分2次倒入全蛋液，边倒边搅打均匀，筛入高筋面粉、低筋面粉、奶粉，拌成面团。

3 取出面团，擀成薄面皮，切成正方形，刷上蛋白，放上蔓越莓干、玉米片、开心果碎，切成宽约为1厘米的长条，制成饼干坯，放入已预热至175℃的烤箱，烤约18分钟即可。

🕐 烘焙：12分钟　🍲 难易度：★☆☆

黑松露饼干

📋 材料

中筋面粉100克，细砂糖5克，盐2克，泡打粉2克，牛奶20毫升，菜籽油10毫升，鸡蛋液25克，黑松露酱适量，披萨草适量

👨‍🍳 做法

1 中筋面粉过筛，加入细砂糖、盐、泡打粉，用手动打蛋器搅拌均匀。

2 加入牛奶和菜籽油，搅拌均匀。

3 加入鸡蛋液，拌匀后，揉成光滑的面团。

4 加入黑松露酱和披萨草搅拌均匀。

5 将面团擀成厚度为3毫米的面皮。

6 将面皮切成正方形的饼干坯，移入烤盘。

7 用小叉子在面皮上戳透气孔。烤箱预热170℃，将烤盘置于烤箱，烤12分钟即可。

黄豆粉饼干

🕐 烘焙：12分钟　🍲 难易度：★★☆

📖 材料

饼干体：无盐黄油60克，糖粉60克，盐0.5克，鸡蛋液25克，香草精3克，黄豆粉40克，低筋面粉110克，杏仁粉30克，面粉少许；**装饰**：黄豆粉20克

👨‍🍳 做法

1　将无盐黄油倒入搅拌盆里，用橡皮刮刀搅拌。
2　倒入糖粉。
3　倒入盐，搅拌均匀。
4　倒入鸡蛋液，用手动打蛋器搅拌均匀。
5　加入香草精继续搅拌。
6　筛入黄豆粉搅拌均匀。
7　筛入低筋面粉和杏仁粉，用橡皮刮刀搅拌均匀，揉成光滑的面团。
8　在面团上撒一些面粉，用擀面杖将面团擀成约2厘米厚的饼干面皮，再切成小方块饼干坯。
9　将饼干坯放在铺好油纸的烤盘上，放进预热至180℃的烤箱中烘烤12分钟。
10　放凉后在表面筛一层黄豆粉装饰即可。

> **烘焙妙招**
> 切面皮的时候不要拖动，以免破坏形状。

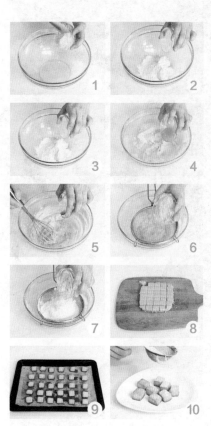

好吃又营养

海苔质地脆嫩，入口即化，含有钾、钙、镁、磷等营养元素，能清热、化痰、利尿。

海苔脆饼

⏱ 烘焙：10～12分钟　🍲 难易度：★★☆

🍱 材料

中筋面粉100克，细砂糖5克，海盐1克，泡打粉2克，牛奶20毫升，菜籽油10毫升，全蛋液20克，海苔碎适量

👨‍🍳 做法

1 在搅拌盆内加入过筛的中筋面粉。

2 加入细砂糖。

3 加入海盐及泡打粉，使用手动打蛋器混合均匀。

4 在搅拌盆中加入全蛋液。

5 加入牛奶。

6 加入菜籽油，用橡皮刮刀混合均匀。

7 放入剪碎的海苔。

8 抓匀，并揉成光滑的面团。

9 使用擀面杖将面团擀成厚度为3毫米的面片。

10 拿出刮板，将饼干切成长方形的薄片。

11 将饼干移到铺了油纸的烤盘上，准备一个叉子，为饼干戳上透气孔，防止在烘烤过程中饼干断裂。

12 预热烤箱180℃，烤盘置于烤箱的中层，烘烤10～12分钟即可。

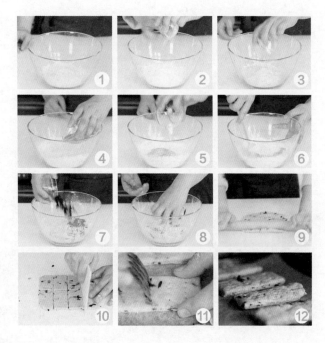

烘焙妙招

做该饼干时海苔一定要剪碎，太大块饼干易断裂。

烘焙妙招

饼干坯的形状可以不那么规则，但烤箱的温度一定要控制好，以免烤焦。巧克力液可以放在烤箱上，防止凝结成块。

橡果饼干 ⏱ 烘焙：20分钟 🍲 难易度：★★☆

🍱 材 料

无盐黄油50克，糖粉25克，盐1克，全蛋液25克，低筋面粉100克，泡打粉1克，黑巧克力50克

👨‍🍳 做 法

1 无盐黄油室温软化。

2 加糖粉。

3 加全蛋液，用橡皮刮刀拌匀。

4 加盐混合均匀。

5 筛入混合了泡打粉的低筋面粉。

6 用橡皮刮刀切拌至无干粉，揉成光滑的面团。

7 将面团分成每个重量为6克的小面团。

8 用手将小面团搓成橡果的形状。

9 将小面团放在铺了油纸的烤盘上，烤箱预热160℃，烤盘置于烤箱，烘烤20分钟，取出。

10 将黑巧克力放入小锅中，隔热水熔化成液体。

11 饼干的头部沾上黑巧克力液。

12 待黑巧克力凝固即可。

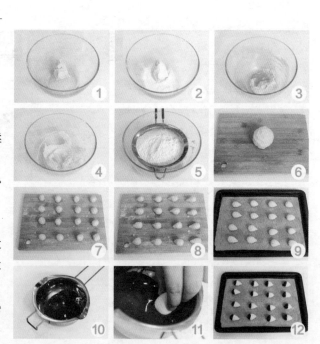

椰子脆饼

⏱ 烘焙：15分钟　🍲 难易度：★☆☆

📋 **材料**

低筋面粉120克，椰子粉60克，细砂糖50克，盐1克，鸡蛋液25克，无盐黄油60克，香草精3克

扫一扫学烘焙

👨‍🍳 **做 法**

1　将无盐黄油放入搅拌盆中，用橡皮刮刀压软。

2　倒入鸡蛋液、香草精，每倒入一样都需要搅拌均匀，香草精可以去除鸡蛋中的腥味。

3　加入细砂糖，搅拌均匀。

4　加入盐、椰子粉，每加入一样东西都要拌匀。

5　筛入低筋面粉，用橡皮刮刀搅拌至无干粉，用手轻轻揉成光滑的面团。

6　用擀面杖将面团擀成厚度约4毫米的面片。

7　先将面片切成方形，再将方形面片切成正方形的饼干坯。

8　用叉子在饼干坯上戳出透气孔，烤箱以上火170℃、下火160℃预热，将烤盘置于烤箱的中层，烘烤15分钟即可。

烘焙妙招

饼干的外面裹上一层椰蓉，味道会更好。

杏仁奶油饼干

🕐 烘焙：15分钟　🍲 难易度：★★☆

🥄 材 料

饼干体：无盐黄油50克，糖粉50克，盐0.5克，低筋面粉90克，可可粉10克，牛奶10毫升，杏仁适量；**杏仁奶油**：无盐黄油30克，糖粉30克，鸡蛋液25克，杏仁粉45克，香草精2克

👨‍🍳 做 法

1　室温软化的50克无盐黄油加入糖粉、盐、牛奶拌匀，筛入低筋面粉、可可粉，揉成面团，冷藏后取出，擀成面皮，用大圆形模具裁切出圆形饼干坯，再用小圆形模具镂空中心部位，冷藏。

2　室温软化的30克无盐黄油中加糖粉、鸡蛋液、香草精、杏仁粉拌匀，挤到饼干坯上，放上杏仁，烤15分钟即可。

条纹黑饼干

🕐 烘焙：10分钟　🍲 难易度：★★☆

🥄 材 料

黄砂糖50克，盐0.5克，泡打粉0.5克，鸡蛋液25克，葡萄籽油40克，香草精3克，低筋面粉100克，可可粉10克，白巧克力30克

👨‍🍳 做 法

1　将黄砂糖、盐、鸡蛋液、葡萄籽油和香草精放入搅打盆中，充分搅拌均匀。

2　再筛入低筋面粉、可可粉、泡打粉拌匀，揉成面团，擀成厚度为3毫米的饼干面皮。

3　将饼干面皮裁成正方形，然后切出长5厘米、宽2厘米的饼干坯并用叉子戳出小洞。

4　将饼干坯排列在铺好油纸的烤盘上，放进预热至180℃的烤箱中层烤10分钟。白巧克力隔水加热熔化，装饰在饼干上即可。

口袋地瓜饼干

⏱ 烘焙：13分钟　　🍲 难易度：★☆☆

🍱 材料

饼干体： 无盐黄油90克，细砂糖110克，盐2克，鸡蛋液50克，低筋面粉220克，泡打粉2克；**内馅：** 地瓜泥180克，牛奶20毫升，蜂蜜20克

👨‍🍳 做法

1　将无盐黄油放入搅拌盆中压软，搅拌均匀。

2　加入细砂糖，搅拌均匀，加入泡打粉和盐，搅拌均匀。

3　倒入鸡蛋液，搅拌均匀。

4　筛入低筋面粉，用橡皮刮刀搅拌至无干粉，用手轻轻揉成光滑的面团。

5　将面团分成每个30克的饼干坯，揉圆备用。

6　将牛奶倒入到准备好的地瓜泥中，再倒入蜂蜜一起搅拌均匀，做成馅料后装入裱花袋里。

7　用手指在饼干坯的中央压出一个凹洞，挤入馅料，收口捏紧朝下，放在烤盘上，稍稍按扁。

8　烤箱预热180℃，将烤盘置于烤箱的中层，烘烤13分钟即可。

> **烘焙妙招** 🥄
> 按压面团时可用食指跟中指两指按压，能出现花纹。

黄豆粉雪球饼干

⏱ 烘焙：15分钟　🍱 难易度：★★☆

📦 **材 料**

饼干休： 无盐黄油80克，糖粉40克，盐1克，低筋面粉100克，黄豆40克，杏仁片30克；**装饰：** 糖粉10克，黄豆粉10克

扫一扫学烘焙

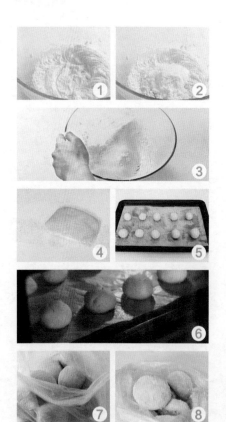

👨‍🍳 **做 法**

1　无盐黄油放入搅拌盆中，搅打均匀。

2　加入糖粉，搅打均匀。

3　筛入低筋面粉和黄豆粉，加入盐，用橡皮刮刀搅拌至无干粉后加入杏仁片，揉成光滑的面团。

4　将面团压扁，用保鲜膜包好，冷藏约1小时。

5　取出后将面团分成每个20克的饼干坯，揉圆，放在烤盘上。

6　烤箱以上、下火170℃预热，将烤盘置于烤箱的中层，烘烤15分钟。

7　取出后，准备一个塑料袋，将雪球饼干放进去。

8　加入装饰用的糖粉和黄豆粉，拧紧袋口，轻轻晃动，使糖粉和黄豆粉均匀地分布在雪球饼干的表面即可。

> 🥢 **烘焙妙招**
> 面团放入冰箱冷藏时可以用保鲜膜包好，以免干掉。

抹茶红豆饼干

⏱ 烘焙：20分钟　🍲 难易度：★☆☆

📋 材料

无盐黄油125克，糖粉88克，牛奶75毫升，低筋面粉175克，高筋面粉75克，红豆粒125克，抹茶粉20克

👨‍🍳 做法

1. 将无盐黄油、糖粉混合，用电动打蛋器打发，打至发白。
2. 分两次加入牛奶，用手动打蛋器搅拌。
3. 加入红豆粒，搅匀，倒入低筋面粉、高筋面粉和抹茶粉，和匀，揉成面团，入冰箱冷冻10～20分钟。
4. 拿出冻面团，切成厚度为3毫米的饼干坯，再整齐地排列在烤盘上。烤箱预热170℃，放入烤盘，烤20分钟即可。

口袋乳酪饼干

⏱ 烘焙：13分钟　🍲 难易度：★☆☆

📋 材料

饼干体：无盐黄油90克，细砂糖110克，盐2克，鸡蛋液50克，低筋面粉220克，泡打粉2克；**内馅**：蔓越莓干60克，奶油奶酪50克

👨‍🍳 做法

1. 将无盐黄油压软，搅打匀，加入细砂糖，搅打至发白，加入泡打粉、盐、鸡蛋液，搅打匀，筛入低筋面粉拌匀，揉成面团。
2. 将面团分成每个30克的饼干坯，揉圆。
3. 将蔓越莓干和奶油奶酪搅拌均匀，做成馅料，装入裱花袋中。
4. 用手指在面团中压出一个凹洞，挤入馅料，收口捏紧，放在烤盘上，稍稍按扁。
5. 烤箱预热180℃，放入烤盘烤13分钟即可。

原味卡蕾特

⏱ 烘焙：15分钟　　🍲 难易度：★☆☆

🧂材 料

饼干体： 无盐黄油100克，糖粉60克，蛋黄15克，朗姆酒5克，低筋面粉105克；**装饰：** 鸡蛋液少许

扫一扫学烘焙

👨‍🍳做 法

1　将无盐黄油放入干净的搅拌盆中，再用电动打蛋器搅打均匀。

2　加入糖粉，打至蓬松发白。

3　倒入蛋黄，搅打均匀。

4　筛入低筋面粉，搅拌至无干粉。

5　倒入朗姆酒，揉成光滑的面团后稍压扁，再包上保鲜膜放入冰箱冷冻约15分钟。

6　取出面团，擀成厚度约4毫米的面片，用花型模具压出饼干坯。

7　在饼干坯的表面刷上鸡蛋液。

8　烤箱预热180℃，将烤盘置于烤箱中层，烘烤15分钟即可。

烘焙妙招
无盐黄油稍微软化之后更好搅拌。

核桃布朗尼饼干

⏱ 烘焙：15分钟　🍲 难易度：★★☆

🍯材料

饼干体：黑巧克力110克，无盐黄油50克，黄砂糖100克，盐2克，鸡蛋2个，低筋面粉160克，泡打粉2克；**装饰**：核桃适量

👨‍🍳 做法

1　将黑巧克力混合室温软化的无盐黄油，隔水加热至无盐黄油和黑巧克熔化，搅拌均匀。

2　加入黄砂糖，用手动打蛋器搅拌均匀。

3　分两次倒入鸡蛋，每次倒入都需要搅拌均匀。

4　加入盐和泡打粉，搅拌均匀。

5　筛入低筋面粉，搅拌均匀至无干粉。

6　将光滑的面糊装入裱花袋，用剪刀剪出约1厘米的开口。

7　在烤盘上挤出水滴形状的饼干坯，并用整颗的核桃在饼干坯表面装饰。

8　烤箱预热180℃，将烤盘置于烤箱的中层，烘烤15分钟即可。

> **烘焙妙招**
> 还可以在搅拌的过程中加入切碎的核桃碎，风味更好。

花样果酱饼干

🕐 烘焙：15分钟　　🍲 难易度：★☆☆

📋 材料

饼干体：无盐黄油70克，花生酱30克，糖粉100克，盐1克，蛋黄40克，低筋面粉120克，杏仁粉50克；**装饰**：蛋白30克，核桃碎40克，草莓果酱适量

👨‍🍳 做法

1. 无盐黄油加花生酱搅打匀，加入糖粉、盐、蛋黄，搅打匀，依次加入低筋面粉和杏仁粉，用橡皮刮刀搅拌至无干粉。
2. 面团包好保鲜膜，冷藏1小时，取出后将面团分成每个15克的饼干坯，揉圆。
3. 将饼干坯蘸上蛋白、裹上核桃碎，压扁。
4. 烤箱以上、下火180℃预热，将烤盘置于烤箱中层，烘烤15分钟，挤上草莓果酱即可。

🕐 烘焙：15分钟　　🍲 难易度：★☆☆

蝙蝠饼干

📋 材料

低筋面粉130克，无盐黄油65克，牛奶20毫升，糖粉50克，橙色巧克力笔1支，香草精3克，可可粉10克

👨‍🍳 做法

1. 无盐黄油软化后放入搅拌盆中，加糖粉，打至蓬松羽毛状，备用。
2. 加入牛奶和香草精，筛入低筋面粉和可可粉，拌匀揉成光滑的面团，擀成3毫米厚的面片，使用蝙蝠模具压出蝙蝠的形状。
3. 烤箱调温至170℃，压成型并装盘的生坯置于烤箱中层，烤约15分钟取出，放凉后，用橙色巧克力笔为蝙蝠点上眼睛即可。

蛋白糖脆饼

⏱ 烘焙：45~50分钟　🍲 难易度：★★☆

📋 **材 料**

蛋白60克，糖粉60克

👨‍🍳 **做 法**

1 将蛋白放入无水无油的搅拌盆中。

2 在蛋白中加入三分之一的糖粉，搅打至蛋白起大泡。

3 加入三分之一的糖粉，搅打至蛋白泡变绵密。

4 最后加入剩余的糖粉，搅打至蛋白硬性发泡，呈光滑细腻的状态。

5 在裱花袋中放入齿形花嘴，并剪出一个1厘米的口。

6 在裱花袋中加入打好的蛋白。

7 可以挤出爱心的花形。

8 或者挤出圆花形，可以根据喜好自行完成。烤箱预热100℃，将饼干坯放入烤箱中，烘烤45~50分钟即可。

烘焙妙招 🥄🥢
因烤盘温度较高，要戴上隔热手套取出，以免烫伤手。

椰香蛋白饼干

⏱ 烘焙：30分钟　　🍲 难易度：★☆☆

📦 材 料

蛋白30克，香草精2克，细砂糖30克，椰蓉50克

👨‍🍳 做 法

1　将蛋白放入干净搅拌盆中。

2　加入细砂糖，拿出电动打蛋器，注意保持打蛋头的干燥和清洁，否则蛋白不易打发。

3　将蛋白打至提起电动打蛋器可以拉出鹰嘴钩，加入椰蓉，用橡皮刮刀搅拌均匀。

4　倒入香草精，拌匀，去除蛋白中的腥味。

5　将制好的蛋白装入裱花袋，在裱花袋的闭口处用剪刀剪出一个约1厘米的开口。

6　在烤盘上挤出蛋白花饼干坯，放入已预热到30℃的烤箱中烤30分钟即可。

地瓜铜球饼干

⏱ 烘焙：12分钟　　🍲 难易度：★☆☆

📦 材 料

饼干体：地瓜500克，糖粉30克，蛋黄20克，盐1克，淡奶油50克；**装饰**：黑芝麻适量

👨‍🍳 做 法

1　将煮熟的地瓜过筛，碾成泥状。

2　加入糖粉，搅拌均匀。

3　加入蛋黄，搅拌成均匀的面糊。

4　加入淡奶油，将面糊搅拌均匀。

5　加入盐，搅拌均匀。

6　将面糊装入有圆齿花嘴的裱花袋中。

7　在铺好油纸的烤盘上挤出圆形玫瑰纹的饼干坯。

8　在饼干坯上面撒上黑芝麻，放进预热至175℃的烤箱中层烘烤12分钟即可。

白巧克力双层饼干

🕐 烘焙：16分钟　　🍲 难易度：★☆☆

🍶 材料

上层饼干体：无盐黄油75克，细砂糖40克，白巧克力25克，淡奶油20克，低筋面粉140克；**下层白巧克力：**白巧克力60克

👨‍🍳 做法

1 室温软化的无盐黄油加入细砂糖，搅打至蓬松发白状。

2 将白巧克力隔水加热熔化，加入装有无盐黄油的碗中。

3 分次倒入淡奶油，搅打均匀。

4 筛入低筋面粉，用橡皮刮刀翻拌均匀，揉成光滑的面团。

5 将面团揉成圆柱状，用油纸包好，放入冰箱冷冻30分钟。

6 取出面团，切成厚度为4毫米的饼干坯，陈列在烤盘上。

7 将烤盘放入预热至150℃的烤箱中层，烘烤约16分钟。

8 在迷你玛芬模具中挤入隔水加热熔化的白巧克力液，再把冷却后的饼干放进模具中，冷藏至白巧克力凝固即可。

长颈鹿装饰饼干

⏱ 烘焙：15分钟　🍲 难易度：★★★

🗄 材 料

无盐黄油65克，糖粉50克，蛋黄1个，香草精1克，低筋面粉130克，巧克力笔若干

👨‍🍳 做 法

1　准备好工具。

2　将室温软化的无盐黄油放入盆。

3　加入糖粉，并用电动打蛋器搅打至蓬松羽毛状，加入蛋黄。

4　再加入香草精，搅打匀。

5　筛入低筋面粉，拌匀。

6　用手将面团揉紧实。

7　揉成一个光滑的面团。

8　将面团擀成厚度为3毫米的面片。

9　拿出长颈鹿模具，压出相应形状的饼干坯。

10　去除多余边角面皮，铲起造型面片，移到铺了油纸的烤盘上。

11　烤箱预热160℃，将烤盘置于烤箱的中层，烘烤15分钟。

12　取出放凉后，使用巧克力笔为长颈鹿饼干装饰出花纹即可。

双色拐杖饼干

⏱ 烘焙：15～18分钟　🍲 难易度：★★☆

📋 材料

无盐黄油50克，糖粉35克，全蛋液20克，低筋面粉120克，红色色素适量

👨‍🍳 做法

1　无盐黄油室温软化，加入糖粉，混合均匀。

2　加入一半的全蛋液，搅匀后，再加入剩余的全蛋液，使无盐黄油与全蛋液充分混合。

3　拿出一个小碗，将一半的无盐黄油与全蛋液的混合液舀出，并各筛入50克低筋面粉，分别揉成光滑的面团，其中一个面团揉入红色色素。

4　将两份面团分成每个重量为10克的小面团。

5　将分好的两个颜色的面团都搓成小圆球。

6　将小圆球均搓成长条，备用。

7　像卷麻花一样卷起，并摆成拐杖的形状。

8　制作好的生坯静置片刻；烤箱预热170℃，将烤盘置于烤箱的中层，烘烤15～18分钟，完毕后在烤箱内放置15～20分钟，取出放凉即可。

> **烘焙妙招**
> 制作蛋液时可加入少许水淀粉，烤熟后口感会更佳。

紫薯蜗牛曲奇

⏱ 烘焙：12分钟　📷 难易度：★☆☆

📖 材料

紫薯面团： 无盐黄油50克，糖粉45克，盐0.5克，淡奶油20克，紫薯40克，杏仁粉10克，低筋面粉40克；**原味面团：** 无盐黄油25克，糖粉25克，淡奶油5克，杏仁粉5克，低筋面粉50克

🍞 做法

1 将室温软化的50克无盐黄油放入搅拌盆中，加入糖粉，充分搅拌后加入盐。

2 加入淡奶油搅拌均匀。

3 加入碾成泥的紫薯搅拌均匀。

4 筛入杏仁粉和低筋面粉，用橡皮刮刀翻拌至无干粉的状态，揉成光滑的紫薯面团。

5 根据做法1至做法4的方式制作原味面团。

6 在面团底部铺保鲜膜，用擀面杖将两种面团擀成厚度为3毫米的饼干面皮，并将两种面皮叠加。

7 面皮卷成圆筒状，用油纸包好，冷冻1小时。

8 取出将面团切成厚度为3毫米的饼干坯，放置在烤盘上。烤盘放进预热至180℃的烤箱中层烘烤12分钟即可。

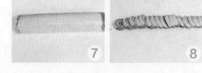

> **烘焙妙招**
> 紫薯也可以换成红薯、土豆等，味道一样好。

字母饼干

⏱ 烘焙：25分钟　　🍲 难易度：★ ☆ ☆

🥫 材 料

原味曲奇预拌粉350克，黄油80克，鸡蛋1个

👨‍🍳 做 法

1 将预拌粉、软化黄油依次加入碗中。

2 将打好的鸡蛋倒入预拌粉内，用手揉搓，并将食材搅拌均匀。

3 面团放在油纸上，将油纸对折，用擀面杖擀成厚度为5毫米左右的面饼，放入冰箱冷冻15分钟。

4 取出冷冻好的面饼，用字母模型在面饼上压出形状，放入烤盘内。

5 将烤盘放入预热好的烤箱里，以上、下火160℃，烤制25分钟，取出烤好的曲奇装入盘中即可。

杏仁千层酥

⏱ 烘焙：15~20分钟　　🍲 难易度：★ ★ ☆

🥫 材 料

千层酥皮120克，蛋白液少许，蛋黄液10克，糖粉25克，杏仁片30克，干淀粉适量

👨‍🍳 做 法

1 将千层酥皮从冰箱中拿出，两面抹上干淀粉，室温放软。

2 其中一张酥皮的表面抹上蛋白液，将另一张酥皮覆盖在上面，按压贴紧。

3 用擀面杖将酥皮擀开呈大的正方形面片。

4 将酥皮切成长8厘米、宽4厘米的小酥皮。

5 在其表面刷蛋黄液，撒上糖粉和杏仁片。

6 将酥皮放入烤盘中，烤箱以上、下火180℃预热，然后将烤盘置于烤箱的中层，烘烤15~20分钟即可。

双色饼干

⏱ 烘焙：10分钟　🍲 难易度：★★☆

📖 材料

原味面团：无盐黄油60克，糖粉55克，盐0.5克，淡奶油15克，香草精2克，低筋面粉120克，杏仁粉30克；

可可面团：无盐黄油60克，糖粉55克，盐0.5克，淡奶油15克，可可粉15克，香草精2克，低筋面粉100克，杏仁粉30克

👨‍🍳 做法

1　充分搅拌室温软化的无盐黄油，再加入糖粉和盐用手动打蛋器搅拌均匀。

2　加入淡奶油，搅拌至完全融合的状态。

3　加入香草精，搅拌均匀。

4　筛入低筋面粉、杏仁粉用橡皮刮刀翻拌至无干粉状，然后揉成光滑的原味面团。

5　按做法1至做法4制作，只需要多筛入一份可可粉即可，翻拌均匀，揉成可可面团。

6　将两份面团放进冰箱冷藏30分钟取出，擀成厚约3毫米的饼干面皮，使用较大的造型饼干模具裁切面皮，再用较小的造型饼干模具裁切面皮。

7　用颜色不同的两种饼干面皮相互填充成各种不同造型的饼干坯。

8　将饼干坯放置在铺好油纸的烤盘上，放进预热至175℃的烤箱中层烘烤约10分钟即可。

咖啡奶瓶饼干

⏱ 烘焙：15分钟　🍲 难易度：★★☆

📋 材料

无盐黄油50克，糖粉50克，全蛋液20克，低筋面粉105克，泡打粉1克，盐1克，咖啡粉5克，香草精1克

👨‍🍳 做法

1. 无盐黄油室温软化，加入糖粉，搅打至蓬松羽毛状，加入全蛋液，搅打均匀。
2. 加入香草精，搅打均匀。
3. 加入低筋面粉和咖啡粉。
4. 将低筋面粉和咖啡粉混合过筛。
5. 加入泡打粉、盐。
6. 用橡皮刮刀翻拌至无干粉，并揉成光滑的面团。
7. 如果咖啡粉没有完全化开的话可以多揉两下，再将面团擀成厚度为3毫米的面片，并用奶瓶模具压出奶瓶的形状。
8. 烤箱预热160℃，将烤盘置于烤箱的中层，烘烤15分钟即可。

> **烘焙妙招**
> 冷冻面饼可以使压模的时候更好脱模。

绿茶圣诞树饼干

⏱ 烘焙：10~12分钟　🍲 难易度：★☆☆

📋 材 料

无盐黄油50克，细砂糖50克，盐1克，绿茶粉6克，低筋面粉105克，泡打粉1克

👨‍🍳 做 法

1. 无盐黄油室温软化后加入搅拌盆中，加入细砂糖搅打至呈蓬松羽毛状。
2. 加入盐，搅打均匀。
3. 筛入绿茶粉，搅打均匀。
4. 泡打粉和低筋面粉混合过筛至搅拌盆中。
5. 用橡皮刮刀翻拌至无干粉后，揉成光滑的面团。
6. 将面团擀成厚度为3毫米的面片。
7. 用圣诞树模具压出相应的形状。
8. 烤箱预热180℃，烤盘置于烤箱的中层，烘烤10~12分钟即可。

> **烘焙妙招**
> 制作面团时，可注入少许温水，这样糖分更易溶化。

圣诞姜饼人

🕐 烘焙：15分钟　🍲 难易度：★★☆

🫙 材料

饼干体：无盐黄油50克，黄糖糖浆20克，盐1克，泡打粉1克，全蛋液10克，姜粉5克，玉桂粉2克，低筋面粉100克；**装饰**：巧克力笔若干，彩色糖片适量

👨‍🍳 做法

1　无盐黄油室温软化，加黄糖糖浆、全蛋液，拌匀，筛入姜粉、玉桂粉，加泡打粉。

2　过筛混合了盐的低筋面粉，拌均匀。

3　揉成光滑的姜饼面团，将面团擀成厚度为5毫米的面片，用姜饼人模具压出形状。

4　烤箱预热170℃，烤盘置于烤箱中层，烘烤15分钟。待出炉放凉，用巧克力笔和彩色糖片装饰，晾干后即可食用。

🕐 烘焙：15分钟　🍲 难易度：★★☆

星星造型饼干

🫙 材料

无盐黄油65克，糖粉50克，蛋黄1个，香草精1克，低筋面粉130克

👨‍🍳 做法

1　无盐黄油室温软化，稍打至体积膨胀，颜色变浅。加入糖粉，搅打均匀。加入蛋黄，搅打均匀。

2　加入香草精，搅打均匀，筛入低筋面粉，用橡皮刮刀翻拌至无干粉，揉成光滑的面团。

3　用擀面杖将其擀成厚度为3毫米的面片。

4　用星星模具压出相应的形状。

5　烤箱预热160℃，将烤盘放置在烤箱的中层，烘烤15分钟后，在烤箱内放置8分钟即可。

伯爵茶飞镖饼干

⏱ 烘焙：18分钟　📦 难易度：★★☆

📋 **材 料**

无盐黄油45克，糖粉25克，盐1克，全蛋液10克，低筋面粉50克，泡打粉1克，伯爵茶粉5克，香草精1克

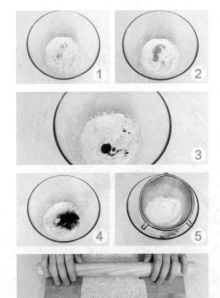

👨‍🍳 **做 法**

1　无盐黄油室温软化后放入搅拌盆中，加入糖粉，搅打至蓬松羽毛状。

2　加入全蛋液，搅打均匀。

3　加入香草精，搅打均匀，加入盐，搅打均匀。

4　将伯爵茶粉放入无盐黄油碗中。

5　筛入混合了泡打粉的低筋面粉。

6　用橡皮刮刀翻拌至无干粉，并揉成光滑的面团，用擀面杖将面团擀成厚度为3毫米的面片。

7　使用花型模具和圆形裱花嘴制作出飞镖的形状。

8　将饼干坯移动到铺了油纸的烤盘上，以170℃烘烤18分钟即可。

烘焙妙招

烤箱的温度不宜过高，否则容易将饼干烤焦。

海星饼干 ⏱ 烘焙：16分钟 🍲 难易度：★★★

🥫 材料

无盐黄油65克，糖粉50克，蛋黄1个，香草精2克，低筋面粉130克，硬糖适量

👨‍🍳 做法

1 无盐黄油室温软化，打至发白膨胀，加入糖粉，打至蓬松。

2 放入蛋黄，搅打均匀。

3 加入香草精，拌匀。

4 筛入低筋面粉，拌匀。

5 用手揉成一个光滑的面团。

6 面团擀成厚2毫米的面片。

7 准备两个星星模具，大的星星先压饼干坯。

8 在其中一半的星星中央压摁小的星星，移出成镂空。

9 将镂空的饼干坯覆盖在星星饼干坯上。

10 用擀面杖将硬糖压碎。

11 把硬糖碎放在饼干坯镂空处。

12 入烤箱以160℃烤10分钟，然后以180℃，烘烤6~8分钟即可。

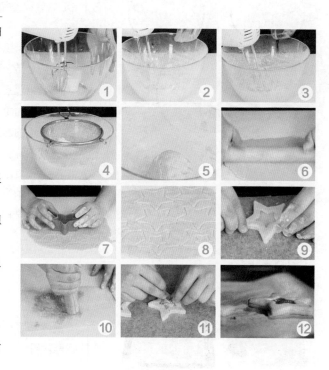

连心奶香饼干

⏱ 烘焙：15分钟　🍲 难易度：★☆☆

📋 材料

无盐黄油65克，糖粉50克，蛋黄1个，香草精1克，低筋面粉130克，食用色素适量

👨‍🍳 做法

1. 无盐黄油室温软化，稍打至体积膨胀、颜色变浅。
2. 加入糖粉，搅打均匀。
3. 加入香草精、蛋黄，搅打均匀。
4. 加入食用色素，将色素与黄油搅拌均匀。
5. 筛入低筋面粉，用橡皮刮刀翻拌至无干粉。
6. 揉成光滑的面团后，用擀面杖将其擀成厚度为3毫米的面片。
7. 用连心模具压出相应的形状。
8. 烤箱预热160℃，将烤盘放置在烤箱的中层，烘烤15分钟后在烤箱内放置8分钟即可。

🔔 烘焙妙招

饼干烤好后，待其完全放凉后再食用。

椰蓉爱心饼干

⏱ 烘焙：15分钟　🍲 难易度：★★☆

📋 材 料

无盐黄油65克，糖粉50克，蛋黄1个，
香草精1克，椰蓉30克，低筋面粉100克

👨‍🍳 做 法

1. 无盐黄油室温软化，打至体积微微膨胀，颜色变浅，加入糖粉、蛋黄，搅打均匀。
2. 加入香草精。
3. 加入椰蓉，将椰蓉与黄油搅拌均匀。
4. 筛入低筋面粉，用橡皮刮刀翻拌至无干粉。
5. 揉成光滑的面团。
6. 用擀面杖将其擀成厚度为3毫米的面片。
7. 用爱心模具压出相应的形状。
8. 烤箱预热160℃，将烤盘放置在烤箱的中层，烘烤15分钟后，在烤箱内放置8分钟即可。

烘焙妙招
事先将烤箱预热好，这样烤出来的饼干色泽更好看。

摩卡达克瓦兹

⏱ 烘焙：12分钟　　🍲 难易度：★☆☆

📖 材料

饼干体：蛋白60克，细砂糖20克，杏仁粉33克，糖粉30克，低筋面粉20克，速溶咖啡粉10克；**装饰**：糖粉20克；**奶油夹心**：黑巧克力90克，淡奶油30克，黄糖糖浆5克

👨‍🍳 做法

1　将蛋白加入细砂糖，打发，筛入低筋面粉、杏仁粉、糖粉、速溶咖啡粉拌匀。

2　将面糊装入裱花袋，挤出，作为饼干体，放入烤箱，烤12分钟。

3　取出后，将20克糖粉筛在其表面；黑巧克力隔温水熔化；将黄糖糖浆倒入淡奶油中，拌匀，加入黑巧克力液，拌匀后放入裱花袋，挤在两片饼干之间即可。

迷你牛角酥

⏱ 烘焙：10~15分钟　　🍲 难易度：★☆☆

📖 材料

冷藏酥皮2片，全蛋液适量

👨‍🍳 做法

1　酥皮在室温下解冻，至可以折叠不会断掉的状态。

2　将酥皮从中间对剖，然后分成四个三角形，备用。

3　从三角形的底边卷起。

4　做成迷你牛角的形状。

5　入烤盘，在表面刷上全蛋液，烤箱预热185℃，烤盘置于烤箱的中层，烘烤10~15分钟即可。

红茶奶酥 🕐 烘焙：18分钟　🍳 难易度：★ ☆ ☆

📋 材料

无盐黄油135克，糖粉50克，盐1克，鸡蛋1个，低筋面粉100克，杏仁粉50克，红茶粉2克

👨‍🍳 做法

1 室温软化的无盐黄油中加入糖粉，用橡皮刮刀搅拌均匀。

2 倒入鸡蛋，用手动打蛋器搅拌均匀。

3 加入杏仁粉，搅拌均匀。

4 加入盐、红茶粉，搅拌均匀。

5 筛入低筋面粉，搅拌至面糊光滑无颗粒。

6 裱花袋装上圆齿形裱花嘴，再将面糊装入裱花袋中。

7 在烤盘上挤出齿花水滴形状的曲奇。

8 烤箱以上火170℃、下火160℃预热，将烤盘置于烤箱中层，烘烤18分钟即可。

夏威夷果酥

🕐 烘焙：12分钟　🍲 难易度：★★☆

📖 材料

饼干体：无盐黄油50克，细砂糖20克，鸡蛋液20克，低筋面粉100克，泡打粉1克；**装饰**：夏威夷果适量，鸡蛋液少许

扫一扫学烘焙

👨‍🍳 做法

1　将室温软化的无盐黄油加入细砂糖，搅拌均匀。

2　加入鸡蛋液，搅拌均匀。

3　筛入低筋面粉，加入泡打粉，用橡皮刮刀翻拌至无干粉，然后揉成光滑的饼干面团。

4　面团外裹一层保鲜膜，用擀面杖将面团擀成厚度为4毫米的面皮。

5　用圆形模具将面皮压出相应的形状，去除多余的面皮，可以将其反复操作，做出更多的饼干坯。

6　每个饼干坯的表面都放上一颗夏威夷果，压实。

7　在饼干坯表面刷上鸡蛋液，整齐陈列在烤盘上。

8　烤箱预热至160℃，将烤盘置于烤箱的中层，烘烤12分钟即可。

烘焙妙招

鸡蛋液分2~3次加入，不容易造成油水分离。

香草奶酥

⏱ 烘焙：18分钟　　🍲 难易度：★ ☆ ☆

📦 材 料

无盐黄油90克，糖粉50克，盐1克，鸡蛋50克，低筋面粉100克，杏仁粉50克，香草精2克

扫一扫学烘焙

👨‍🍳 做 法

1　将无盐黄油放在搅拌盆中，用橡皮刮刀压软。

2　倒入鸡蛋，用手动打蛋器搅拌均匀。

3　加入糖粉，搅拌均匀。

4　倒入香草精，搅拌均匀。

5　加入盐，搅拌均匀。

6　加杏仁粉搅拌均匀，并筛入低筋面粉，用橡皮刮刀搅拌至无干粉，制成细腻的饼干面糊。

7　将面糊装入已经装有圆齿形裱花嘴的裱花袋中，在烤盘上挤出爱心的形状。

8　烤箱以上火170℃、下火160℃预热，将烤盘置于烤箱的中层，烘烤18分钟即可。

> **烘焙妙招**
> 烤箱的容积越大，预热的时间就越长。

蝴蝶酥

⏱ 烘焙：12~15分钟　🍲 难易度：★★☆

📖 材料

冷藏酥皮3片，全蛋液适量，细砂糖适量

👨‍🍳 做法

1　酥皮在室温解冻，至可以折叠不会断掉的状态，在酥皮表面刷一层全蛋液。

2　将细砂糖撒在涂了全蛋液的酥皮上面，盖上一层新的酥皮，重复以上动作，再盖上第三层酥皮，同样重复。

3　将完成的酥皮从中间对剖，呈两个长方形，对边至中线折叠。

4　再对折一次。

5　将折好的酥皮切成厚度为8毫米的面片。

6　将酥皮坯呈Y字形摆在烤盘上。

7　在酥皮的表面刷上全蛋液，再撒上细砂糖。

8　烤箱预热185℃，将烤盘置于烤箱中层，烘烤12~15分钟即可。

> **烘焙妙招**
> 将酥皮重叠后擀成一片可以使千层酥的层次更丰富。

咖啡坚果奶酥

⏱ 烘焙：13分钟　🍲 难易度：★☆☆

🍶 **材料**

饼干体：糖粉60克，无盐黄油80克，牛奶20毫升，低筋面粉120克，速溶咖啡粉8克；**装饰**：黑巧克力40克，杏仁适量

👨‍🍳 **做法**

1. 将无盐黄油和糖粉用橡皮刮刀或手动打蛋器搅拌均匀。
2. 将速溶咖啡粉加入牛奶中，拌至完全溶解。
3. 将咖啡牛奶倒入装有无盐黄油中，搅拌均匀。
4. 筛入低筋面粉，搅拌至无干粉，用手轻轻揉成光滑的面团。
5. 将面团分成每个20克的饼干坯，揉圆后搓成约7厘米的长条。
6. 烤箱预热180℃，将烤盘置于烤箱的中层，烘烤13分钟即可。
7. 将杏仁切碎、黑巧克力隔温水熔化，取出烤好的饼干，先蘸上巧克力溶液。
8. 然后在表面粘上些许杏仁碎即可。

烘焙妙招
薄厚比大小更重要，越薄的饼干越容易烤过火。

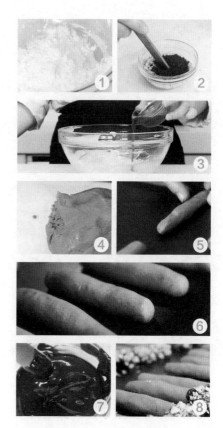

杏仁酸奶饼干

🕐 烘焙：25分钟　🍲 难易度：★★☆

🥣 材料

无盐黄油110克，细砂糖70克，杏仁碎70克，朗姆酒30毫升，淡奶油150克，低筋面粉270克，泡打粉6克，盐2克，原味酸奶80毫升，牛奶30毫升

👨‍🍳 做法

1　将室温软化的无盐黄油放入搅拌盆中，用电动打蛋器稍打一下。

2　再加入细砂糖，搅打至蓬松发白。

3　倒入朗姆酒、牛奶搅拌均匀，再倒入原味酸奶，继续搅拌。

4　加入杏仁碎，搅拌均匀。

5　加入盐、泡打粉，倒入淡奶油，搅拌均匀。

6　再筛入低筋面粉，搅拌均匀，揉成光滑的面团（用手轻轻揉，太大力面团容易出油）。

7　轻轻拍打面团，将其擀成圆面饼，用刮板将圆面饼分成8等份。

8　放进预热180℃的烤箱中，烘烤15分钟，拿出烤盘调转180°，再烘烤10分钟即可。

烘焙妙招

如果使用硅胶材质的擀面杖，那么就不容易粘黏。

Part 3

松软面包篇

　　面包是我们日常生活中经常接触的食品。面包的款式丰富多样，制作上有许多技巧，对于喜欢自己在家做面包的人来说，如何将面包做得尽善尽美、有滋有味呢？本章节为你带来多款简单美味的面包的做法，制作方法详细，让你轻松掌握制作面包的技巧，助你轻松制作不同风味的面包！

彩蔬小餐包

🕐 烘焙：10~12分钟　🍲 难易度：★☆☆

📖 材料

面团：高筋面粉200克，细砂糖25克，酵母粉4克，鸡蛋1个，牛奶30毫升，无盐黄油30克，盐4克；**其他：**洋葱50克，红甜椒30克，胡萝卜20克，培根15克，全蛋液适量

扫一扫学烘焙

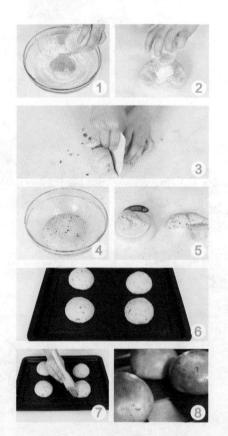

👨‍🍳 做法

1　将面团材料中的粉类（除盐外）放入大盆中搅匀后，加入牛奶和鸡蛋，拌匀并揉成团。

2　加入无盐黄油和盐，慢慢揉均匀。

3　把面团稍压扁，加入切碎的洋葱、红甜椒、胡萝卜和培根，用刮板将面团对半切开，叠加在一起后再对半切开，重复上述动作，揉匀。

4　把面团放入盆中，盖上保鲜膜发酵25分钟。

5　取出面团，分成4等份，揉圆，放在烤盘上。

6　最后发酵50分钟（在发酵的过程中注意给面团保湿，每过一段时间可以喷少许水）。

7　待发酵完后，在面团表面刷上全蛋液。

8　烤箱以上火190℃、下火180℃预热，将烤盘置于烤箱中层，烤10~12分钟，取出即可。

> **烘焙妙招**
> 面团发酵时注意不要放在通风的地方，以免面皮发干。

年轮小餐包

🕐 烘焙：18分钟　🍲 难易度：★★☆

📋 材料

面包体：高筋面粉125克，细砂糖20克，酵母粉1克，鸡蛋1个，牛奶63毫升，无盐黄油13克，盐1克；**表面装饰**：低筋面粉93克，水63毫升，无盐黄油75克，盐1克

👨‍🍳 做法

1　盆中加入高筋面粉、细砂糖、酵母粉、牛奶，打入鸡蛋。

2　用刮刀从盆的边缘往里混合材料，和成团。

3　揉至面团成延展状态，加入无盐黄油和盐，继续揉至呈光滑的面团。

4　把面团放入盆中，盖上湿布松弛约25分钟。

5　锅中倒入水、无盐黄油和盐，中火，搅拌均匀。

6　继续煮至边缘冒小泡，转小火，加入低筋面粉迅速搅拌均匀做成泡芙酱，装入裱花袋中备用。

7　面团分成五等份，揉圆放置在油布上，盖上湿布静置发酵50分钟至面团呈两倍大。

8　把面团放烤盘上，在面团表面挤上泡芙酱。

9　放入预热至180℃的烤箱中烤约18分钟即可。

> **烘焙妙招**
>
> 揉搓面团时，如果面团粘手，可以撒上适量面粉。

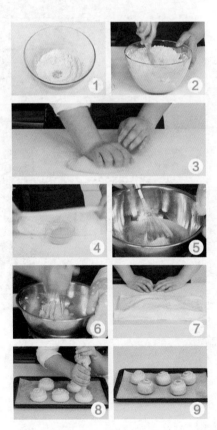

好吃又营养

牛奶中的钙、磷比例非常适当，利于人体吸收，具有补虚损、生津润肠之功效。

巧克力熊宝贝餐包

⏱ 烘焙：30分钟　　🍲 难易度：★★☆

🏺 材料

面包体：高筋面粉250克，可可粉7克，细砂糖30克，速发酵母粉3克，牛奶150毫升，盐2克，无盐黄油25克；**表面装饰**：蛋液少许，黑巧克力笔1支

👨‍🍳 做法

1　将高筋面粉、可可粉、速发酵母粉、细砂糖放入盆中，用手动打蛋器搅散。

2　分次加入牛奶，揉成面团。

3　加入室温软化的无盐黄油。

4　加入盐，揉搓混合均匀。

5　抓住面团的一角，将面团揉至光滑。

6　将面团揉圆放入盆中，喷上水，盖上湿布松弛25分钟。

7　面团切出50克留做小熊耳朵，把其余面团分割成九等份，分别揉圆。

8　小面团间隔整齐地放入方形烤模中，面团表面喷些水，盖上湿布，发酵50分钟。

9　把50克面团分成18等份，将耳朵面团黏在每一个小面团上方，刷上少许蛋液。

10　将烤模放进烤箱烤30分钟。

11　取出散热冷却后脱模。

12　用黑巧克力笔挤上眼睛和嘴巴做装饰即完成。

烘焙妙招
面包出烤箱的时候，在桌面上轻震，可以防止面包坍陷。

胚芽芝士小餐包

⏱ 烘焙：18~20分钟　🍲 难易度：★☆☆

📋 **材 料**

面团：高筋面粉270克，低筋面粉30克，小麦胚芽16克，细砂糖30克，酵母粉3克，鸡蛋1个，盐2克，植物油15克，牛奶150毫升；**馅料**：芝士（切丁）120克

👨‍🍳 **做 法**

1　把高筋面粉、低筋面粉、小麦胚芽和酵母粉放入大盆中搅匀。

2　加入细砂糖、鸡蛋、盐、牛奶和植物油，揉成团。

3　取出面团放在操作台上，揉成一个光滑的面团，放入盆中，包上保鲜膜发酵25分钟。

4　取出发酵好的面团，分成9等份，揉圆，表面喷少许水松弛10~15分钟。

5　分别把面团稍压扁后，包入一块芝士丁，收口捏紧。

6　把小面团放入模具中，最后发酵60分钟。

7　待发酵完后，在每个小面团表面剪出十字。

8　烤箱以上火175℃、下火160℃预热，将烤盘置于烤箱的中层，烘烤18~20分钟，取出即可。

> **烘焙妙招**
> 和面时要和得均匀，发酵后的成品才会更有弹性。

牛奶小餐包

⏱ 烘焙：16~18分钟　🍲 难易度：★★☆

📦 材料

液种面糊：冷开水85毫升，高筋面粉18克；**主面团**：牛奶150毫升，高筋面粉320克，酵母粉3克，细砂糖30克，盐1克，植物油30毫升；**表面装饰**：全蛋液适量，白芝麻适量

👨‍🍳 做 法

1. 往18克高筋面粉中加入冷开水搅匀，倒入锅中加热，煮至浓稠，制成液种面糊。

2. 将主面团材料中的所有粉类放入盆中搅匀，加入液种面糊、牛奶和植物油，揉成光滑的面团，盖上保鲜膜发酵20分钟。

3. 将面团分12等份揉圆，松弛15分钟，擀平，卷成橄榄形，发酵60分钟，刷全蛋液，撒白芝麻，入烤箱以上火175℃、下火170℃烤熟即可。

盐奶油面包

⏱ 烘焙：18~20分钟　🍲 难易度：★☆☆

📦 材料

面团：高筋面粉200克，酵母粉2克，细砂糖15克，鸡蛋1个，盐1克，牛奶80毫升，无盐黄油20克；**馅料**：有盐黄油40克；**表面装饰**：全蛋液适量

👨‍🍳 做 法

1. 牛奶加热至35℃，倒入酵母粉混合均匀。

2. 将高筋面粉和细砂糖倒入盆中，加入鸡蛋、牛奶液、无盐黄油，揉匀，放入盆中，盖上保鲜膜，发酵约15分钟。

3. 将面团分成8等份，揉圆，松弛15分钟后，擀平，每个面团放入5克有盐黄油，卷起成橄榄形，发酵60分钟，表面刷上一层全蛋液，放入烤箱，以上火180℃、下火170℃烤熟即可。

早餐奶油卷

🕐 烘焙：15分钟　　🍲 难易度：★☆☆

📋 材 料

高筋面粉250克，海盐5克，细砂糖25克，酵母粉9克，奶粉8克，全蛋液25克，蛋黄12克，牛奶12毫升，水117毫升，无盐黄油45克，全蛋液适量

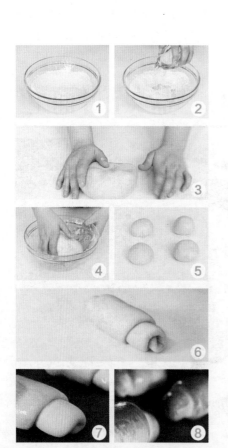

👨‍🍳 做 法

1　将高筋面粉、海盐、细砂糖、奶粉和酵母粉放入搅拌盆中，用手动打蛋器搅拌均匀。

2　将水、全蛋液、蛋黄、牛奶倒入面粉盆，用橡皮刮刀搅拌均匀后，用手揉面团15分钟。

3　在面团中加入无盐黄油，用手揉至无盐黄油被完全吸收，呈光滑的面团即可。

4　面团放入碗中盖上保鲜膜，发酵15分钟。

5　将发酵后的面团分成4个等量的面团，盖上保鲜膜，再松弛10分钟左右。

6　取出发酵后的面团，用手将其搓成圆锥状，用擀面杖擀平，由宽的一边向尖的边卷起。

7　将卷好的面团发酵30分钟后，刷上全蛋液。

8　放入烤箱，以上、下火均180℃烘烤15分钟。

> **烘焙妙招**
> 奶油卷生坯一定要卷紧，以免发酵后开裂。

全麦鲜奶卷

⏱ 烘焙：18~20分钟　🍲 难易度：★☆☆

🥣 材料

面团：高筋面粉270克，全麦面粉30克，酵母粉3克，细砂糖30克，牛奶205毫升，无盐黄油25克，盐1克；**表面装饰：**牛奶8毫升

👨‍🍳 做法

1 把材料中的粉类（除盐外）放入大盆中搅匀。

2 加入牛奶和盐，拌匀并揉成团。把面团取出，放在操作台上，继续揉匀。

3 加入无盐黄油，揉成一个光滑的面团，放入盆中，盖上保鲜膜，基本发酵15分钟。

4 取出面团，分成4等份，分别揉圆，再搓成长条的水滴形，表面喷少许水，松弛10~15分钟。

5 用擀面杖从面团的一端往另一端擀平。

6 将面团卷起，底部捏合，均匀地放在烤盘上，最后发酵45分钟。

7 在发酵好的面团表面刷上一层牛奶。

8 放入烤箱以上火170℃、下火165℃烤18~20分钟即可。

烘焙妙招

烤好的面包要放在常温下慢慢冷却，否则面包会开裂。

全麦叶形面包

⏱ 烘焙：18分钟　🍲 难易度：★☆☆

📖 材料

面包体： 高筋面粉125克，低筋面粉25克，全麦粉100克，速发酵母粉4克，水150毫升，蜂蜜10克，无盐黄油10克，盐1克；**表面装饰：** 高筋面粉适量

👨‍🍳 做法

1　将高筋面粉、低筋面粉过筛放入大碗里。

2　加入全麦粉、速发酵母粉，用手动打蛋器搅匀。

3　加入水、蜂蜜，用橡皮刮刀搅拌成团。

4　将面团取出放在操作台上，用力甩打，一直重复此动作到面团光滑，包入盐和无盐黄油。

5　继续揉至面团光滑，揉成圆形，放入盆中，包上保鲜膜松弛约25分钟。

6　松弛好的面团分成2等份，分别擀成长圆形，卷起成橄榄形。

7　将橄榄形面团放在油布上，盖上湿布发酵。

8　发酵好的面团连带油布一起放在烤盘上。

9　用细筛网撒上高筋面粉。

10　在面团上划出叶子的纹路，放入已预热至200℃的烤箱中，烤约18分钟即可。

> **烘焙妙招**
> 如果喜欢甜食，可以把撒在表面装饰的面粉换成糖粉。

德式裸麦面包

🕐 烘焙：10分钟　　🍳 难易度：★☆☆

📋 材料

高筋面粉500克，黄奶油70克，奶粉20克，细砂糖100克，盐5克，鸡蛋1个，水200毫升，酵母粉8克，裸麦粉50克，高筋面粉适量

扫一扫学烘焙

👨‍🍳 做 法

1　将细砂糖加水搅拌至溶化，待用。

2　用刮板将备好的高筋面粉、酵母粉、奶粉混匀，开窝。

3　依次加入糖水、鸡蛋、黄奶油、盐，每加入一种原料都要揉搓均匀，最后揉搓成面团。

4　用保鲜膜将面团包好，静置10分钟。

5　去掉面团保鲜膜。

6　取适量的面团，倒入裸麦粉，揉匀。

7　再将面团分成均等的数个剂子，揉捏匀。

8　放入烤盘，常温发酵2个小时。

9　高筋面粉过筛，均匀地撒在面团上，用刀片在生坯表面划出花瓣样划痕。

10　放入烤箱中以上、下火190℃烤10分钟即可。

烘焙妙招

划面团表面时注意划痕不要太深，以免烤制后面包裂开。

宝宝面包棒

⏱ 烘焙：12～14分钟　　🍲 难易度：★☆☆

📋 材料

高筋面粉350克，细砂糖30克，酵母粉2克，水200毫升，无盐黄油30克，盐1克

👨‍🍳 做法

1 将面团中材料的所有粉类（除盐外）放入大盆中搅匀后，加入水、无盐黄油和盐，揉至面团表面变光滑，放入盆中，包上保鲜膜进行基本发酵25分钟。

2 取出面团擀成厚约5毫米的长方形，切成约2厘米宽的长形棒状，放在烤盘上，表面喷少许水，发酵约50分钟。

3 将烤盘放入烤箱中层，以上、下火180℃烤12～14分钟，烤至表面上色，取出即可。

⏱ 烘焙：18分钟　　🍲 难易度：★★☆

双色心形面包

📋 材料

南瓜面团：南瓜泥45克，高筋面粉75克，酵母粉1克，盐1克，细砂糖8克，牛奶15毫升，无盐黄油8克；**原味面团**：高筋面粉75克，酵母粉1克，盐1克，细砂糖75克，牛奶50毫升，无盐黄油8克

👨‍🍳 做法

1 将南瓜面团的材料拌匀，揉成团，发酵20分钟。原味面团材料拌匀，揉成团。

2 把原味面团包入南瓜面团，擀成长圆形，卷成长条，切开，展开成V字形，两条边分别往中间对折成心形，放在烤盘上发酵约50分钟，放入烤箱以上火160℃、下火155℃烤18分钟即可。

爱尔兰苏打面包

⏱ 烘焙：30分钟　🍲 难易度：★☆☆

📖 材料

面团：中筋面粉250克，细砂糖30克，苏打粉8克，牛奶160毫升，盐3克，无盐黄油50克，酵母粉2克；**表面装饰**：中筋面粉适量

扫一扫学烘焙

👨‍🍳 做法

1　将面团材料中的粉类放入大盆中搅匀。

2　加入牛奶，拌匀并揉成团。

3　加入无盐黄油，慢慢揉均匀。

4　把面团放入盆中，盖上保鲜膜基本发酵10分钟。

5　待面团发酵好后，把其分成3等份，分别揉圆，表面喷少许水，松弛10～15分钟。

6　把面团放在烤盘上，发酵约30分钟，表面撒上中筋面粉。

7　用小刀在面团表面划出十字。

8　烤箱以上火200℃、下火180℃预热，将烤盘置于烤箱中层烤30分钟，取出即可。

烘焙妙招

取所需酵母粉后，应及时将酵母粉包装袋密封好。

橙榄油乡村面包

🕐 烘焙：20～22分钟　🍲 难易度：★☆☆

🍱 材料

面团：高筋面粉250克，全麦面粉50克，酵母粉2克，盐5克，橄榄油30毫升，温水195毫升，麦芽糖15克；**表面装饰：**高筋面粉适量

扫一扫学烘焙

🍳 做法

1　将面团材料中的粉类（除盐外，留5～10克的高筋面粉）放入大盆中，搅匀。

2　再倒入温水、橄榄油和麦芽糖，加入盐，拌匀，并揉成不粘手的面团。

3　取出面团，放在操作台上，继续揉均匀。

4　将面团揉圆，包上保鲜膜发酵30分钟。

5　取出面团，分割成2等份，分别揉圆，放在烤盘上，最后发酵50分钟。

6　在面团表面撒上高筋面粉。

7　用刀在面团表面划出网状。

8　烤箱以上火190℃、下火195℃预热，将烤盘置于烤箱中层，烤约20～22分钟即可。

> **烘焙妙招**
> 用刀在面包生坯上划几刀，利于散热。

香浓番茄面包

⏱ 烘焙：20分钟　🍲 难易度：★★☆

🗂 材 料

面团：高筋面粉180克，细砂糖28克，酵母粉3克，芝士粉18克，番茄酱45克，鸡蛋液18克，水80毫升，无盐黄油12克，盐2克；**表面装饰：**全蛋液适量

👨‍🍳 做 法

1 把面团材料中的所有粉类（除盐外）放入大盆中，搅匀。

2 加入鸡蛋液、番茄酱、水和盐用橡皮刮刀由内向外搅拌至材料完全融合，取出面团揉至起筋。

3 加入无盐黄油，揉成为一个光滑的面团，放入盆中，盖上保鲜膜发酵15分钟。

4 取出面团，擀平，用刀切出4个约3克的三角形面粒备用。

5 其余的面团分成4等份的小面团，揉圆。

6 把揉圆的小面团均匀地放入烤盘。

7 把三角形的面粒分别放在小面团的顶部，用牙签固定，最后发酵45分钟，表面刷上全蛋液。

8 放入烤箱以上火160℃、下火175℃烤20分钟即可。

> **烘焙妙招** 🥄
> 发酵的过程中注意给面团保湿，每过一段时间喷少许水。

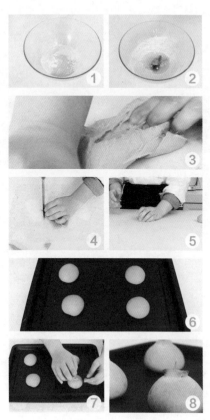

蜂蜜奶油甜面包

🕐 烘焙: 11分钟　🍲 难易度: ★☆☆

📋 材 料

面团: 高筋面粉165克，奶粉8克，细砂糖40克，酵母粉3克，鸡蛋28克，牛奶40毫升，水28毫升，无盐黄油20克，盐2克；**表面装饰:** 无盐黄油丁50克，蜂蜜适量，细砂糖适量，全蛋液适量

🧑‍🍳 做 法

1　将面团材料中的粉类（除盐外）放入大盆中搅匀，放入鸡蛋、牛奶和水拌匀，揉成面团。

2　加入无盐黄油和盐，混合均匀，将面团揉圆放入盆中，包上保鲜膜发酵15分钟。

3　取出发酵好的面团，分割成3等份，并揉圆，表面喷少许水，松弛10～15分钟。

4　分别用擀面杖擀成长圆形，由较长的一边开始卷起成圆筒状，稍压扁，发酵40分钟。

5　将全蛋液和蜂蜜混合，刷在发酵好的面团表面。

6　用剪刀在面团表面剪出闪电状的刀口。

7　在面团表面放上无盐黄油丁，撒上细砂糖。

8　放入烤箱以上、下火200℃烤11分钟，取出后刷上蜂蜜即可。

> **烘焙妙招**
> 在烤好的面包上刷一层蜂蜜，可以增加面包的口感。

南瓜面包

🕐 烘焙：16～18分钟　　🍲 难易度：★☆☆

🔖 材料

面团： 高筋面粉270克，低筋面粉30克，酵母粉4克，南瓜（煮熟压成泥）200克，蜂蜜30克，牛奶30毫升，无盐黄油30克，盐2克；**表面装饰：** 南瓜籽适量

👨‍🍳 做法

1　把牛奶倒入南瓜泥中，拌匀，加入蜂蜜，拌匀。

2　把面团材料中的所有粉类（除盐外）搅匀。

3　加入步骤1中的材料，拌匀并揉成团；把面团取出，放在操作台上，揉匀。

4　加入盐和无盐黄油，继续揉成一个光滑的面团，放入盆中，盖上保鲜膜基本发酵20分钟。

5　取出面团，分成6等份，并揉圆，在表面喷少许水，松弛10～15分钟。

6　分别把面团稍压平，用剪刀在面团边缘均匀地剪出6～8个小三角形，去掉不要。

7　面团发酵50分钟，表面放上几颗南瓜籽。

8　放入烤箱以上火175℃、下火170℃烤16～18分钟即可。

> **烘焙妙招**
> 剪出的小三角形不宜太大，以免影响成品美观。

可可葡萄干面包

⏱ 烘焙：15分钟　🍲 难易度：★☆☆

📖 材料

面团：高筋面粉285克，可可粉15克，细砂糖30克，酵母粉3克，牛奶200毫升，无盐黄油30克，盐1克，葡萄干50克；**表面装饰**：高筋面粉适量

🥄 做 法

1　将高筋面粉、细砂糖、可可粉放入大盆中，搅匀。

2　将酵母粉加入牛奶中，搅拌均匀，倒入步骤1中，拌匀，揉成面团。

3　加入盐和无盐黄油，揉成为一个光滑的面团。

4　将面团压扁，加入葡萄干，四周向中心包起来。

5　用刮刀将面团切成两半，叠起后再切两半，将四块面团放入盆中，盖上保鲜膜发酵25分钟。

6　把发酵好的面团分成2等份，用擀面杖分别把两个面团擀成椭圆形，然后两端向中间对折，卷起成橄榄形，表面喷水，松弛10～15分钟。把面团均匀地斜放在烤盘上，发酵60分钟。

7　待发酵完后，撒上高筋面粉，斜划两刀。

8　放入烤箱以上火185℃、下火180℃烤15分钟即可。

> **烘焙妙招**
> 可以根据自己的口味，在面团中加入坚果。

烘焙妙招

在发酵好的生坯上逐一剪开的口子不宜过深。

牛奶面包 ⏱ 烘焙：15分钟 🍲 难易度：★ ☆ ☆

📋 材料

高筋面粉200克，蛋白30克，酵母粉3克，牛奶100毫升，细砂糖30克，黄奶油35克，盐2克

👨‍🍳 做法

1 将高筋面粉倒在案台上，加入盐、酵母粉，混合均匀。

2 再用刮板开窝，放入蛋白、细砂糖、牛奶、黄奶油，搓成光滑的面团。

3 把面团分成3等份剂子，搓成光滑的小面团。

4 把小面团擀成面皮。

5 把面皮卷成圆筒状生坯。

6 将制作好的生坯装入垫有高温布的烤盘里发酵至2倍大。

7 用剪刀在发酵好的生坯上逐一剪开数道平行的口子。

8 再往开口处撒上细砂糖。

9 放入烤箱，以上、下火190℃，烤15分钟。

10 把烤好的面包取出即可。

蓝莓方格面包

🕐 烘焙：18分钟　🍲 难易度：★★☆

🥣 材料

高筋面粉250克，可可粉15克，奶粉7克，酵母粉2克，牛奶125毫升，鸡蛋25克，无盐黄油25克，盐2克，糖粉适量，蓝莓果酱适量

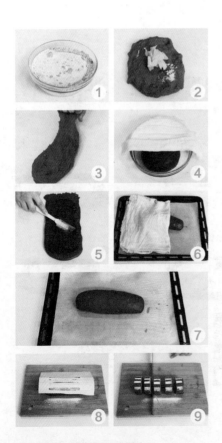

👨‍🍳 做法

1. 将除无盐黄油、盐和牛奶外的材料放入盆中，用手动打蛋器搅散，分次加入牛奶，拌成团。
2. 加入盐和无盐黄油，揉匀。
3. 用手将面团揉至光滑。
4. 将面团放入盆中，盖上湿布松弛30分钟。
5. 把松弛好的面团擀成长圆形，用橡皮刮刀刷上一层蓝莓果酱，卷起，两旁捏紧收口。
6. 放在铺了油纸的烤盘上，喷上水，盖上湿布静置发酵约45分钟。
7. 放入预热180℃的烤箱中烤约18分钟。
8. 取一张干净的白纸，剪出平行且大小一致的长方形，盖在面团表面，撒上糖粉。
9. 去掉白纸，用刀切成等份即可。

> **烘焙妙招**
>
> 可以根据自己的口味，往面包中加入其他馅料。

花形果酱面包

🕐 烘焙：30分钟　🍲 难易度：★★☆

🫙 材 料

高筋面粉140克，细砂糖15克，奶粉5克，速发酵母粉2克，水40毫升，鸡蛋10克，蓝莓酱35克，无盐黄油12克，盐1克，葡萄干（温水泡软）适量，食用油适量

👨‍🍳 做 法

1　在盆中加入高筋面粉、细砂糖、奶粉、速发酵母粉、鸡蛋、水和蓝莓酱。

2　用橡皮刮刀从盆的边缘往里混合材料，拌成面团。

3　将面团揉至延展状态，加入无盐黄油和盐，继续揉面团，使之成为一个光滑的面团。

4　将面团盖上湿布或保鲜膜松弛约25分钟。

5　用擀面杖将面团擀平。

6　在面团表面均匀地撒上葡萄干。

7　由上向下卷起，捏紧收口，放入已刷油的吐司模内，盖上盖子发酵至八成满。

8　将发酵好的面团放入已预热200℃的烤箱中烤约30分钟，取出冷却后脱模切片。

> **烘焙妙招**
> 不同季节面团发酵时间不同，要根据温度增减发酵时间。

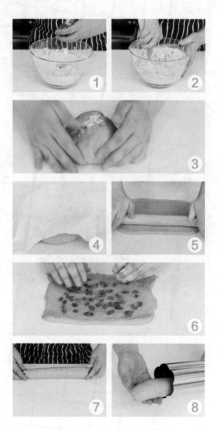

好吃又营养

酸奶含有人体所必
需的多种维生素，
有促进胃液分泌、
提高食欲、加强消
化的功效。

全麦酸奶水果面包

🕐 烘焙：25分钟　　🍲 难易度：★★☆

📋 材料

面包体：高筋面粉250克，全麦粉50克，细砂糖5克，速发酵母粉3克，酸奶50毫升，水150毫升，无盐黄油100克，盐3克；**内馅**：核桃100克，蔓越莓干50克，蓝莓干50克，无盐黄油适量（打发装入裱花袋中备用）；**表面装饰**：糖粉适量

👨‍🍳 做法

1　将高筋面粉、全麦粉、速发酵母粉、细砂糖，搅拌均匀。

2　加入酸奶、水，搅拌均匀。

3　用手将面团揉至光滑，加入无盐黄油和盐，继续揉至能撕出薄膜的状态。

4　面团压扁，包入除无盐黄油外的内馅材料，揉均匀。

5　面团揉圆，放入大碗中，盖上湿布或保鲜膜静置松弛约30分钟。

6　用刮板把面团分成两半，并揉圆。

7　分别擀成长圆形，并挤上打发的无盐黄油。

8　分别对折，在接口处剪出锯齿形，卷成圆圈，形成两个星星的形状。

9　放在铺了油布的烤盘上，喷上水，盖上湿布静置发酵约40分钟，至面团两倍大。

10　入烤箱以200℃的温度烤25分钟，出炉后撒上糖粉装饰即可。

> **烘焙妙招**
> 发酵时间过短则面包无香味，发酵时间过长会有酸味。

摩卡面包

⏱ 烘焙：12～15分钟　　🍲 难易度：★☆☆

🍶 材 料

面包体：高筋面粉100克，细砂糖20克，速发酵母粉1克，牛奶40毫升，鸡蛋25克，无盐黄油25克，盐1克；**内馅：**无盐黄油50克，盐1克；**表皮：**低筋面粉22克，泡打粉1克，即溶咖啡粉1克，糖粉10克，鸡蛋15克，牛奶5毫升，无盐黄油20克

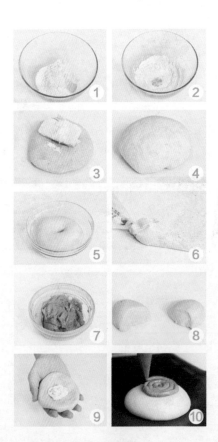

👨‍🍳 做 法

1 将筛好的高筋面粉、细砂糖和速发酵母粉搅匀。

2 倒入牛奶和鸡蛋，用橡皮刮刀搅拌成团。

3 把无盐黄油和盐放入面团中，揉至面团光滑。

4 将面团揉成一个圆球。

5 放入碗中，盖上保鲜膜，松弛25分钟。

6 将内馅用的无盐黄油和盐拌匀，装进裱花袋中，把裱花袋的尖端剪去0.5厘米。

7 将表皮用的材料装进碗里，用电动打蛋器搅拌成表皮糊，装进裱花袋中，尖端剪去0.5毫米。

8 把松弛好的面团分成2等份，揉圆。

9 把面团压扁，挤入内馅，收口捏紧，搓圆。

10 放在铺好油纸的烤盘上，发酵后挤上表皮面糊，放入预热至200℃的烤箱烤12～15分钟即可。

> **烘焙妙招**
> 剪裱花袋的口应该剪0.5毫米左右。

烘焙妙招
苏打粉加热水淋在面团的表面，可以使面包变得更有嚼劲。

普雷结 ⏱ 烘焙：10~12分钟 🍲 难易度：★☆☆

🔖 材料

面包体：高筋面粉100克，细砂糖5克，速发酵母粉2克，水60毫升，无盐黄油7克，盐2克；**表面装饰**：砂糖8克，肉桂粉3克，杏仁片15克，苏打粉2克，热水少许

👨‍🍳 做法

1 将筛好的高筋面粉和细砂糖、速发酵母粉搅匀。

2 加入水，搅拌成团，再用洗衣服的手势用力揉面2分钟。

3 加入无盐黄油和盐，继续揉5分钟，把面团揉圆，放入盆中，盖上保鲜膜松弛约20分钟。

4 把面团分成2等份，揉圆。

5 用擀面杖擀开成椭圆形。

6 用手掌将面团搓成长条，越往两端越细，交叉两次，卷起。

7 将面团放在油布上，盖上湿布发酵约30分钟。

8 热水混苏打粉后淋在面团上。

9 撒上砂糖、肉桂粉、杏仁片。

10 放入烤箱以上火190℃、下火175℃烤10~12分钟即可。

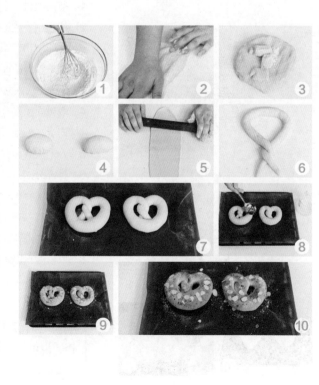

法国面包

🕐 烘焙：20分钟　🍲 难易度：★☆☆

📖 材料

面团： 高筋面粉260克，低筋面粉40克，酵母粉2克，水200毫升，麦芽糖8克，盐5克，植物油5毫升；**表面装饰：** 橄榄油适量

👨‍🍳 做法

1. 把面团材料中的所有粉类放入大盆中，搅匀。

2. 加入水、麦芽糖和植物油，拌匀并揉成团。把面团取出，放在操作台上，揉3~4分钟成为一个略黏湿的面团。

3. 把面团放入盆中，盖上保鲜膜基本发酵20分钟。

4. 取出面团，分割成2等份，分别揉圆，表面喷少许水，松弛10~15分钟。

5. 分别用擀面杖擀平成圆形。

6. 将三分之二部分的面团底部用手捏成尖角的形状，与余下的面团底部朝上捏合成三角形面团。

7. 面团均匀地放在烤盘上，发酵60分钟后，在面团表面刷橄榄油，用刀轻轻划出树叶的纹路。

8. 放入烤箱以上火220℃、下火200℃烤20分钟。

> **烘焙妙招**
>
> 在面包上划刀，起到装饰作用，也可使面包更酥脆。

芝麻小法国面包

⏱ 烘焙：16～18分钟　🍲 难易度：★☆☆

🍶 材料

高筋面粉180克，全麦面粉20克，盐4克，酵母粉2克，细砂糖10克，水135毫升，橄榄油5毫升，熟黑芝麻16克

👨‍🍳 做法

1　将粉类材料放入大盆中搅匀。

2　加入水和橄榄油，拌匀。

3　将面团放在操作台上，通过揉和甩打，将面团揉至光滑，然后加入熟黑芝麻，揉匀。

4　把面团放在盆中发酵60分钟。

5　取出发酵好的面团，分成3等份，揉圆，表面喷少许水，松弛10～15分钟。

6　用擀面杖把3个面团分别擀平成椭圆形，然后两端向中间对折，卷起成橄榄形。

7　将面团放在烤盘上，最后发酵60分钟，待发酵完后，分别在每个面团表面划一刀。

8　烤箱以上火210℃、下火180℃预热，将烤盘置于烤箱中层，烤16～18分钟，取出即可。

> **烘焙妙招**
> 面团表面的开口不宜划得太深，以免影响成品外观。

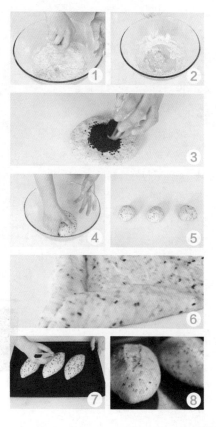

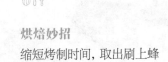

烘焙妙招

缩短烤制时间，取出刷上蜂蜜后再烤，味道会更好。

扫一扫学烘焙

丹麦羊角面包

🕐 烘焙：15分钟　　🍲 难易度：★★★

🍯 材料

酥皮部分：高筋面粉170克，低筋面粉30克，细砂糖50克，黄油20克，奶粉12克，盐3克，干酵母粉5克，水88毫升，鸡蛋40克，片状酥油70克；**表面装饰**：蜂蜜40克，鸡蛋1个

👨‍🍳 做法

1　将低筋面粉、高筋面粉拌匀。

2　倒入奶粉、干酵母粉、盐，拌匀，倒在案台上开窝。

3　放入水、细砂糖、鸡蛋，揉成面团，再加入黄油，揉搓成光滑的面团。

4　用油纸包好片状酥油，擀薄。

5　将面团擀成薄片，放上酥油片，将面皮折叠，擀平。

6　将面皮折叠两次，冷藏10分钟，取出后擀平，重复上述动作操作两次，制成酥皮。

7　取酥皮切成两块三角形。

8　将三角形酥皮擀平，卷至橄榄状生坯，刷上一层蛋液。

9　放入烤箱，以上火200℃、下火200℃烤15分钟。

10　取出面包，刷上蜂蜜即可。

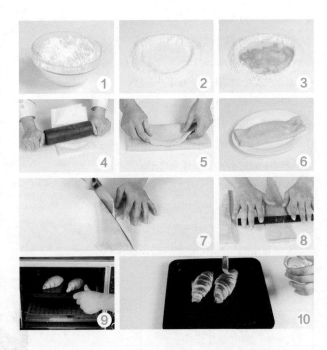

果干麻花辫面包

⏱ 烘焙：15分钟　🥘 难易度：★★★

🍲 材 料

面团：高筋面粉200克，低筋面粉50克，酵母粉4克，细砂糖50克，鸡蛋1个，牛奶100毫升，盐2克，无盐黄油30克，蔓越莓干100克；**表面装饰**：全蛋液适量，白巧克力（隔水熔化装入裱花袋中）50克

👨‍🍳 做 法

1　把面团材料中的所有粉类（除盐外）搅匀。

2　加入鸡蛋、牛奶和盐，拌匀并揉成团。

3　加入无盐黄油，继续揉成为光滑的面团。

4　将面团压扁，加入蔓越莓干，用刮刀将面团重叠切拌均匀后，放入盆中，盖上保鲜膜，基本发酵25分钟。

5　把面团分成9等份，分别捏成柱状，表面喷水松弛10~15分钟，然后搓成15厘米长的条。

6　像编辫子一样拧好后，均匀地放在烤盘上，最后发酵60分钟。

7　待发酵完后，在面团表面刷上全蛋液。

8　放入烤箱以上火185℃、下火180℃烤15分钟，取出，挤上白巧克力液即可。

> **烘焙妙招**
> 麻花辫在收尾时应捏紧，以免散开，影响外观。

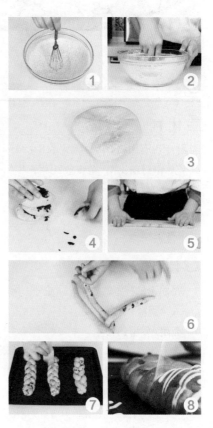

牛奶芝士花形面包

⏱ 烘焙：18～20分钟　🍲 难易度：★☆☆

🍯 材 料

面团：高筋面粉245克，低筋面粉20克，酵母粉3克，细砂糖35克，芝士粉10克，牛奶115毫升，鸡蛋1个，无盐黄油30克，盐2克；**表面装饰：**全蛋液适量

👨‍🍳 做 法

1 将高筋面粉、低筋面粉、酵母粉、细砂糖、芝士粉、牛奶、鸡蛋、无盐黄油和盐拌匀，揉成面团，发酵25分钟。

2 面团分成3等份，揉圆，松弛20分钟，擀成长方形，然后在面皮的一边二分之一处切7刀，卷起成柱状，两端相连，成为花形，发酵60分钟，刷上全蛋液，入200℃的烤箱烤18～20分钟即可。

⏱ 烘焙：12分钟　🍲 难易度：★☆☆

巧克力面包

🍯 材 料

面团：高筋面粉165克，奶粉8克，细砂糖40克，酵母粉3克，全蛋液28克，牛奶40毫升，水28毫升，无盐黄油20克，盐2克；**馅料：**黑巧克力适量；**表面装饰：**黑巧克力液、蛋液各适量

👨‍🍳 做 法

1 将面团材料中的粉类（除盐外）搅匀，加入全蛋液、水、牛奶、无盐黄油和盐揉成面团，发酵15分钟。

2 将面团分成3等份，揉圆，松弛，擀成椭圆形，中间放上黑巧克力，由一边开始卷起，发酵40分钟，刷蛋液，入200℃的烤箱烤12分钟，取出后蘸上巧克力液即可。

心形巧克力面包　⏱ 烘焙：25分钟　🍲 难易度：★★☆

📦 材料

高筋面粉135克，可可粉10克，细砂糖20克，速发酵母粉2克，牛奶65毫升，炼奶10克，鸡蛋15克，无盐黄油12克，盐1克

👨‍🍳 做法

1　在盆中加入高筋面粉、可可粉、速发酵母粉、细砂糖搅匀。

2　加入炼奶、鸡蛋、牛奶，用橡皮刮刀拌成面团。

3　将面团揉至延展状态，加入无盐黄油和盐，继续揉成光滑的面团。

4　把面团放入盆中，盖上湿布或保鲜膜松弛约25分钟。

5　将面团放在操作台上擀平。

6　由上向下卷起。

7　握紧收口，放入已刷油的心形模具内。

8　盖上盖子，静置发酵。

9　将模具放入已预热200℃的烤箱中烤约25分钟，出烤箱，待冷却后切片。

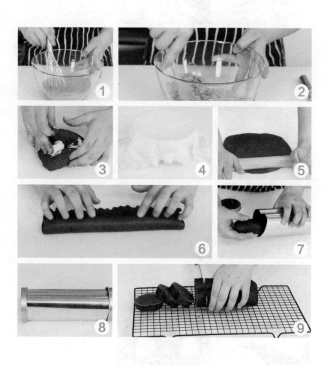

马卡龙面包

⏱ 烘焙：15分钟　🍲 难易度：★★☆

🥣 材料

面团：高筋面粉250克，奶粉8克，酵母粉4克，盐2克，细砂糖50克，无盐黄油25克，蛋黄1个，水140毫升；**马卡龙淋酱：**蛋白30克，杏仁粉40克，核桃50克（切碎），细砂糖90克

👨‍🍳 做法

1 在蛋白中加入90克的细砂糖，用手动打蛋器打发后加入核桃碎，拌成马卡龙淋酱。

2 把面团材料中的所有粉类（盐除外）放入大盆中，搅匀后，加入蛋黄、盐和水，拌匀并揉成团。

3 加入无盐黄油，继续揉至无盐黄油完全吸收。

4 把面团放入盆中，盖上保鲜膜基本发酵15分钟。

5 取出面团，分成4等份，表面喷水，松弛20～25分钟后，分别擀成椭圆形，卷起成柱状，两端收口捏紧，搓成长条。

6 将长面条两端交叉呈"又"字形，再拧成"8"字形，收口处捏合，发酵约50分钟。

7 待发酵完毕后，淋上马卡龙淋酱。

8 放入烤箱以上、下火180℃烤15分钟即可。

> **烘焙妙招**
>
> 要确定面团是否揉好，可将面团揪一块拉平看其扩展性。

糖粒面包

⏱ 烘焙：18～20分钟　🍲 难易度：★☆☆

📋 **材料**

面团：高筋面粉350克，细砂糖30克，酵母粉2克，水200毫升，无盐黄油30克，盐1克；**表面装饰**：全蛋液适量，无盐黄油30克（软化后装入裱花袋中备用），细砂糖8克

👨‍🍳 **做法**

1 将面团材料中的所有粉类（除盐外）放入大盆中搅匀后，加入水，拌匀并揉成团。

2 加入无盐黄油和盐，揉均匀。

3 把面团放入盆中，包上保鲜膜基本发酵25分钟。

4 取出发酵好的面团，分成5等份，揉圆，放在烤盘上最后发酵50分钟。

5 在发酵好的面团表面刷上全蛋液，撒上细砂糖。

6 用刀在面团表面剪出一字形。

7 在剪出的切面上挤上无盐黄油。

8 烤箱以上火175℃、下火165℃预热，将烤盘置于烤箱中层，烤18～20分钟，取出即可。

> **烘焙妙招** 🥢
> 生坯体积增至两倍大时，就可以确定生坯已发酵好。

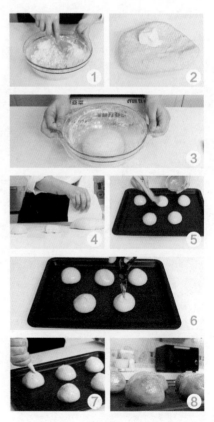

芝麻小汉堡

⏱ 烘焙：12分钟　🧺 难易度：★☆☆

📖 材 料

面团：高筋面粉250克，奶粉8克，细砂糖25克，酵母粉3克，水135毫升，盐5克，无盐黄油30克；**表面装饰：**蛋液适量，白芝麻适量

👨‍🍳 做 法

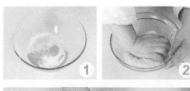

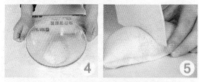

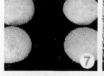

1 将面团材料中的粉类（除盐外）放入大盆中，搅匀。

2 再倒入水，拌匀并揉成不粘手的面团。

3 加入无盐黄油和盐，通过揉和甩打，将面团混合均匀。

4 将面团揉圆放入盆中，包上保鲜膜，进行基本发酵约13分钟。

5 取出发酵好的面团，分割成4等份，分别揉圆。

6 面团表面沾上蛋液，然后沾上白芝麻。

7 把面团均匀地放在烤盘上最后发酵45分钟。

8 烤箱以上、下火200℃预热，将烤盘置于烤箱中层，烤约12分钟，取出即可。

> **烘焙妙招**
> 烤箱事先预热好，有助于生坯快速定型。

杏仁面包

🕐 烘焙：18分钟　🍲 难易度：★☆☆

📋 材料

面团：高筋面粉200克，细砂糖11克，奶粉8克，酵母粉2克，牛奶35毫升，水90毫升，无盐黄油18克，盐4克；**表面装饰：**全蛋液适量，杏仁片适量

👨‍🍳 做法

1. 把面团材料中的所有粉类（除盐外）搅匀。

2. 加入牛奶和水，拌匀并揉成团。

3. 把面团取出，放在操作台上，揉至起筋。

4. 加入盐和无盐黄油，继续揉至完全融合成为一个光滑的面团，放入盆中，盖上保鲜膜基本发酵15分钟。

5. 取出发酵好的面团，分割出4等份的小面团，并揉圆，表面喷少许水松弛10～15分钟。

6. 把小面团压扁，用擀面杖擀成椭圆形，由一端开始卷起，底部收口捏紧，均匀地放在烤盘上最后发酵45分钟。

7. 发酵好的面团表面刷上全蛋液，撒上杏仁片。

8. 入烤箱以上、下火均170℃烤18分钟即可。

烘焙妙招

酵母粉一定要充分揉匀，生坯才能发酵得好。

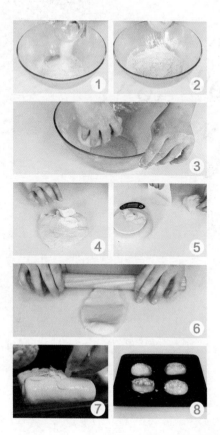

好吃又营养

鸡蛋含有蛋白质、卵磷脂、维生素、矿物质等营养成分，具有增强免疫力、健脑益智等功效。

栗子小面包

⏱ 烘焙：20分钟　🍲 难易度：★★☆

🥫 材料

面包体：高筋面粉250克，全麦面粉50克，细砂糖20克，盐2克，橄榄油15毫升，鸡蛋50克，水50毫升，速发酵母粉4克，无盐黄油25克；**内馅**：去皮栗子100克；**表面装饰**：蛋液适量，熟白芝麻适量

👩‍🍳 做法

1　栗子用刀切碎，放入预热180℃的烤箱中烤约15分钟至熟。

2　碗中放入高筋面粉、全麦面粉、细砂糖和速发酵母粉拌匀。

3　加入鸡蛋、水、橄榄油，拌匀。

4　取出放在操作台上，用手揉至面团光滑，再加入无盐黄油和盐，揉至无盐黄油和盐完全被面团吸收。

5　将面团揉圆放入大碗中，用喷雾器喷上清水，盖保鲜膜或湿布静置松弛约25分钟。

6　按压成圆饼状，加入烤好的栗子，揉搓均匀。

7　用刮板分成4等份。

8　用手把面团分别搓圆。

9　用手压住面团的下半部分。

10　喷上清水，盖上湿布发酵20分钟。

11　把面团放置在油布上，在大头一端刷蛋液，沾上芝麻。

12　放入烤箱以上火180℃、下火160℃，烤20分钟即可。

烘焙妙招
面包烤了后表面依旧没有上色，可以增加烘烤时间。

核桃奶油面包

⏱ 烘焙：10分钟　　🍲 难易度：★ ☆ ☆

🏺 材 料

高筋面粉250克，海盐5克，细砂糖25克，酵母粉9克，奶粉8克，全蛋液25克，蛋黄12克，牛奶12毫升，水117毫升，无盐黄油45克，核桃75克，全蛋液适量

👨‍🍳 做 法

1 将核桃切碎；将高筋面粉、细砂糖、海盐、奶粉、酵母粉、水、全蛋液、蛋黄、牛奶、无盐黄油揉成面团，发酵15分钟。

2 取出面团，加入一部分核桃碎揉匀，切成4等份的面团，松弛20分钟。

3 将面团捏成橄榄形状，发酵30分钟，刷上全蛋液，撒上剩余核桃碎。

4 入已预热至200℃的烤箱烤10分钟即可。

玉米面包

⏱ 烘焙：12分钟　　🍲 难易度：★ ☆ ☆

🏺 材 料

中种：高筋面粉185克，酵母粉1克，水105毫升；**主面团**：高筋面粉80克，奶粉10克，酵母粉3克，细砂糖65克，水20毫升，全蛋液15克，盐4克，无盐黄油25克；**表面装饰**：罐头甜玉米粒、美式芥末酱、沙拉酱各适量

👨‍🍳 做 法

1 将中种面团的所有材料拌匀成团，发酵1小时。将主面团材料中的奶粉、细砂糖、酵母粉搅匀，加入全蛋液、水、中种面团、高筋面粉、无盐黄油和盐揉成团，发酵20分钟。

2 分成数个小面团揉圆，擀成圆饼，发酵后撒甜玉米粒，挤上沙拉酱、美式芥末酱，入已预热至200℃的烤箱烤12分钟即可。

欧陆红莓核桃面包

⏱ 烘焙：27分钟　🍲 难易度：★☆☆

🍲 材 料

面团：高筋面粉200克，全麦面粉45克，黑糖20克，酵母粉2克，温水150毫升，橄榄油16毫升，盐5克，红莓干（切碎）35克，核桃（切碎）35克；

表面装饰：高筋面粉适量

👨‍🍳 做 法

1　将黑糖倒入温水中，搅拌至溶化。

2　将面团材料中的粉类（除盐外）放入大盆中，搅匀；倒入步骤1的材料、橄榄油和盐，拌匀，放在操作台上，揉成不粘手的面团。

3　加入核桃碎和红莓干碎，揉匀。

4　将面团揉圆，包上保鲜膜发酵20分钟。

5　取出发酵好的面团，分成2等份，并揉圆，表面喷少许水，松弛10～15分钟。

6　分别把两个面团擀成椭圆形，然后把面团顶部向中间对折，卷起成橄榄形。

7　把面团放在烤盘上，发酵约50分钟，在面团表面撒高筋面粉，用刀轻轻划出树叶的纹路。

8　放入烤箱以上火180℃、下火175℃烤27分钟。

> **烘焙妙招**
> 酵母粉用45℃左右的温水调匀，可使酵母粉更快被激活。

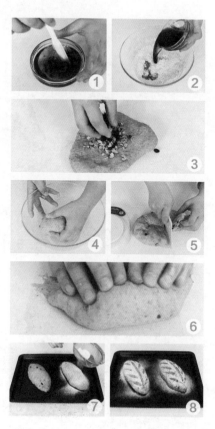

咖啡葡萄干面包

⏱ 烘焙：10分钟　　🍲 难易度：★☆☆

📋 材料

面团： 高筋面粉250克，奶粉0克，酵母粉3克，即溶咖啡粉5克，细砂糖25克，水170毫升，盐5克，无盐黄油20克，葡萄干（用水泡软）100克；**表面装饰：** 全蛋液适量，杏仁片适量

👨‍🍳 做 法

1　将即溶咖啡粉倒入水中，搅拌均匀。

2　将面团材料中的粉类（除盐外）放入大盆中，搅匀；再倒入步骤1的材料，拌匀并揉成不粘手的面团。

3　加入无盐黄油和盐，通过揉和甩打，将面团慢慢混合均匀；然后加入葡萄干，用刮刀将面团重叠切拌均匀。

4　将面团揉圆，放入盆中，包上保鲜膜，发酵约20分钟。

5　取出发酵好的面团，分成2两等份，并揉圆。

6　将面团放在烤盘上，最后发酵40分钟。

7　在面团表面刷上全蛋液，撒上适量的杏仁片。

8　放入烤箱以上、下火200℃烤约10分钟即可。

> **烘焙妙招**
> 黄油和细砂糖的用量不能过多，否则会影响成品外观。

日式面包 ⏱ 烘焙：15分钟 🍲 难易度：★★☆

🏺 材料

面团：高筋面粉250克，酵母粉4克，奶粉15克，黄油35克，纯净水100毫升，细砂糖50克，蛋黄25克；**表面装饰：**纯净水100毫升，蛋糕油5克，细砂糖50克，低筋面粉100克，奶粉10克

👨‍🍳 做法

1 将高筋面粉、酵母粉、奶粉倒在面板上，用刮板拌匀铺开。

2 放入细砂糖、蛋黄、纯净水、黄油，揉至表面光滑。

3 称取4个60克左右的面团，揉成圆球，放入纸杯当中。

4 将细砂糖倒进容器，加入纯净水，用电动打蛋器搅拌均匀。

5 加入低筋面粉、奶粉、蛋糕油。

6 搅拌均匀，放入裱花袋中，用剪刀剪出一个口。

7 将材料挤在发酵好的面团上，放上烤盘待用。

8 打开烤箱，放入烤盘。

9 以上、下火170℃烤约15分钟至熟，取出烤盘。

10 把面包装入盘中即可。

烘焙妙招

面团一定要完全醒发，否则会影响成品的外观和口感。

羊咩咩酥皮面包 　🕐 烘焙：17分钟　🍲 难易度：★★☆

🫕 材料

面包体：高筋面粉270克，低筋面粉30克，速发酵母粉12克，牛奶110毫升，水55毫升，鸡蛋50克，细砂糖30克，无盐黄油30克，盐2克；**表面装饰**：酥皮适量，蛋液少许，南瓜籽适量，黑芝麻适量

👨‍🍳 做法

1　将所有粉类材料（除盐外）放入盆中搅匀，分次加入水、牛奶、鸡蛋搅匀成团。

2　加入无盐黄油和盐，揉成团。

3　包上保鲜膜松弛30分钟。

4　取出面团，将面团平均分成6等份，搓成椭圆形。

5　表面喷水，包保鲜膜发酵20分钟。

6　在面团表面刷上少许蛋液。

7　将酥皮修成适合面团表面大小的形状，盖在面团的三分之二处，底部和尾部收口捏紧。

8　南瓜籽插入涂抹蛋液的酥皮中，装饰成耳朵；黑芝麻沾少许蛋液，装饰成眼睛。

9　放入烤箱以上火180℃、下火170℃烤17分钟即可。

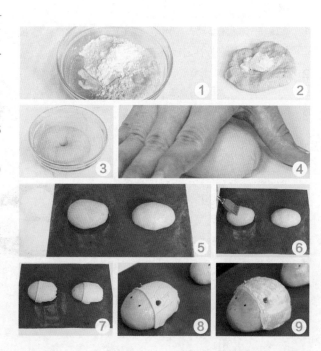

玫瑰苹果卷

🕐 烘焙：25分钟　　🍳 难易度：★★☆

扫一扫学烘焙

👨‍🍳 做 法

1 将一个苹果切薄片。

2 锅内倒入水、柠檬汁和细砂糖煮开，再放入切好的苹果片，煮10秒左右至苹果片变软。

3 煮好的苹果片捞出，放在网架上凉凉待用。

4 称量出25克煮苹果的水。

5 准备一个大碗，倒入低筋面粉，加入室温软化的无盐黄油，搅拌至无盐黄油融入面粉中。

6 再倒入称出来的苹果水，用手将面粉揉成面团。

7 揉好的面团擀开呈长圆形。

8 用刀切出长25厘米、宽1.5厘米的长条。

9 将苹果片一片一片地叠在面皮上。

10 卷起放入烘焙小纸杯中，放入烤箱以上火180℃、下火180℃，烤约25分钟即可。

> **烘焙妙招**　🥄
> 苹果切片时尽量切薄一些，方便整型。

日式肉桂苹果包

⏱ 烘焙：15分钟　🍲 难易度：★☆☆

🍶 材料

面团：酵母粉2克，细砂糖40克，奶粉8克，全蛋液28克，牛奶40毫升，水28毫升，高筋面粉165克，无盐黄油20克，盐2克；**表面**：全蛋液适量，苹果1个，肉桂粉适量

👨‍🍳 做法

1 把水倒入酵母粉中，拌匀；苹果切片。

2 大盆中加入高筋面粉、细砂糖、奶粉、全蛋液、牛奶、酵母粉水、盐和无盐黄油，揉成光滑的面团，盖保鲜膜基本发酵15分钟。

3 取出面团，分割成若干个小面团，松弛15分钟，擀成薄片，对折成正方形，发酵60分钟，涂上全蛋液，放上苹果片、肉桂粉，入烤箱以上火180℃、下火170℃烤15分钟即可。

草莓白烧

⏱ 烘焙：15分钟　🍲 难易度：★☆☆

🍶 材料

面团：高筋面粉250克，细砂糖、无盐黄油各15克，酵母粉2克，原味酸奶、牛奶各25毫升，水150毫升，盐5克；**馅料**：草莓果酱200克，白巧克力150克

👨‍🍳 做法

1 将面团材料中的所有粉类（除盐外）拌匀，加入原味酸奶、牛奶、水、无盐黄油和盐，揉成面团，盖上保鲜膜发酵20分钟。

2 取出面团，分成3等份，分别揉圆后擀成长圆形，在面团表面喷水，松弛10～15分钟。

3 表面抹草莓果酱，放上白巧克力，卷成圆筒状，压扁，将两端收口捏紧，发酵50分钟。入烤箱以180℃烤15分钟即可。

芝味棒

⏱ 烘焙：13～15分钟　🍲 难易度：★★☆

🥣 材料

面包体：高筋面粉130克，速发酵母粉2克，细砂糖15克，水65毫升，鸡蛋12克，无盐黄油10克，盐1克；**表面装饰：**马苏里拉芝士碎适量，日式沙拉酱适量，黑芝麻适量

👨‍🍳 做法

1 准备1个大碗，将筛好的高筋面粉放进去。

2 放入速发酵母粉和细砂糖，用手动打蛋器搅匀。

3 放入水和鸡蛋，用橡皮刮刀搅匀成团。

4 取出面团放在操作台上，用力甩打，一直重复此动作至面团光滑，包入盐和无盐黄油。

5 继续揉面团至面团光滑，揉圆成团，放入盆中盖上保鲜膜松弛20分钟。

6 把面团分割成2等份，将面团用擀面杖擀平拉横，由上向下卷起。

7 放在油布上，盖上湿布发酵50分钟。

8 在面团表面挤上日式沙拉酱，撒上芝士碎和黑芝麻。

9 放入已预热至180℃的烤箱中烤13～15分钟即可。

烘焙妙招
不宜使用冷藏的鸡蛋，否则会使面糊的乳化程度不够。

烘焙妙招
烤箱温度应根据自家情况进行调节。

燕麦肉桂面包卷

⏱ 烘焙：20分钟　🍲 难易度：★★☆

🍯 材料

高筋面粉125克，燕麦粉35克，蜂蜜23克，碧根果仁20克，芥花籽油15毫升，肉桂粉1克，酵母粉2克，盐2克，清水100毫升

👨‍🍳 做法

1 酵母粉倒入水中拌成酵母粉水。

2 将高筋面粉、燕麦粉、盐拌匀，再倒入芥花籽油、15克蜂蜜、酵母粉水，揉成面团。

3 面团盖上保鲜膜，发酵30分钟。

4 撕开保鲜膜，取出。

5 将面团擀成面皮，用手将面皮一边压实，紧贴操作台。

6 将肉桂粉倒入剩余蜂蜜中，拌匀后刷在面皮表面。

7 在面皮上撒上碧根果仁，再将面皮卷起成圆柱体。

8 将面团分切成4等份。

9 用筷子在面团中间压出痕迹，发酵约30分钟。

10 放入已预热至180℃的烤箱中烤20分钟即可。

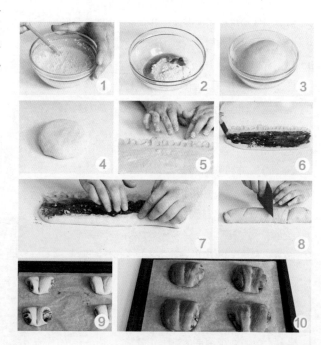

火腿芝士堡

⏱ 烘焙：15分钟　　💼 难易度：★★☆

🥣 材料

面团：高筋面粉250克，细砂糖25克，酵母粉2克，奶粉7克，全蛋液25克，蛋黄13克，牛奶25毫升，水167毫升，无盐黄油45克，盐4克；**馅料**：火腿4片，芝士4片

👨‍🍳 做法

1　将面团材料中的粉类（除盐外）搅匀。

2　加入全蛋液、蛋黄、牛奶和水，拌匀并揉成团。

3　加入无盐黄油和盐，通过揉和甩打，将面团混合均匀。

4　把面团放入盆中，盖上保鲜膜，发酵20分钟。

5　取出发酵好的面团，分成4等份，并揉圆，喷少许水，松弛10~15分钟。

6　分别把面团擀成正方形的薄面片，各包入一片火腿和芝士。

7　面团前后折起，再将左右包起，放在烤盘上最后发酵40分钟，在面团表面斜划三刀。

8　放入烤箱以上火220℃、下火160℃的温度烤15分钟，取出即可。

> **烘焙妙招**
> 细砂糖放太多会使面包变焦，太少则会让面包变硬。

葡萄干芝士面包

⏱ 烘焙：35分钟　　🍲 难易度：★☆☆

📖 材料

高筋面粉200克，细砂糖5克，酵母粉2克，盐1克，水160毫升，葡萄干40克，芝士120克

👨‍🍳 做法

1. 将高筋面粉（需留5~8克的高筋面粉）、细砂糖、酵母粉、盐放入大盆中搅匀，加入水、葡萄干和芝士，揉成光滑面团，盖上保鲜膜，基本发酵60分钟。
2. 取出面团，放入砂锅中，盖上盖子，最后发酵60分钟。
3. 待发酵完后在面团表面撒上高筋面粉，放入烤箱以上火210℃、下火190℃烤35分钟，取出即可。

葡萄干木柴面包

⏱ 烘焙：55分钟　　🍲 难易度：★★☆

📖 材料

老面：高筋面粉110克，酵母粉2克，盐1克，水75毫升；**主面团**：高筋面粉180克，低筋面粉120克，细砂糖60克，盐1克，奶粉30克，鸡蛋1个，牛奶80毫升，无盐黄油35克，葡萄干80克

👨‍🍳 做法

1. 将所有老面材料拌匀并揉成团，发酵4小时。将老面面团与主面团中的材料（除无盐黄油、牛奶和葡萄干外）混合。
2. 放入牛奶、无盐黄油，揉成面团，发酵后擀成面皮，撒上葡萄干，卷起成柱状，两端收口捏紧，发酵40分钟。
3. 入烤箱以上、下火150℃烤55分钟即可。

卡仕达柔软面包

⏱ 烘焙：15分钟　🍳 难易度：★★★

🍶 材料

面团：高筋面粉250克，盐5克，细砂糖15克，酵母粉3克，原味酸奶25毫升，牛奶25毫升，水150毫升，无盐黄油15克；**卡仕达馅**：牛奶90毫升，无盐黄油12克，细砂糖60克，蛋黄50克，低筋面粉21克，芝士片3片

👨‍🍳 做法

1 将高筋面粉、盐、细砂糖、酵母粉搅拌均匀。

2 倒入水、牛奶、原味酸奶，搅拌至液体材料与粉类材料完全融合。

3 加入无盐黄油，再用手将材料揉成面团，揉约15分钟，至面团起筋后，将其放入搅拌盆中，用保鲜膜封好，基本发酵15分钟。

4 将牛奶、无盐黄油、35克细砂糖混合，加热至90℃关火，冷却备用。

5 将蛋黄倒入碗中，加入25克细砂糖搅拌均匀，加入低筋面粉后搅匀。

6 分多次加入奶油混合液、芝士片，一起倒入锅中，煮至黏稠状，待凉后装入裱花袋中。

7 取出面团分成4个等量的面团，并揉至光滑，用保鲜膜将面团包好放在一旁，表面喷少许水，松弛15分钟。

8 取出松弛后的面团，稍微擀平，挤入裱花袋中的内馅，揉成光滑的圆面团，发酵50分钟。放入烤箱以180℃烤约15分钟即可。

巧克力核桃面包

⏱ 烘焙：25分钟　🍲 难易度：★☆☆

📋 材料

高筋面粉250克，盐6克，酵母粉2克，
无盐黄油15克，水175毫升，入炉巧克
力50克，核桃50克

扫一扫学烘焙

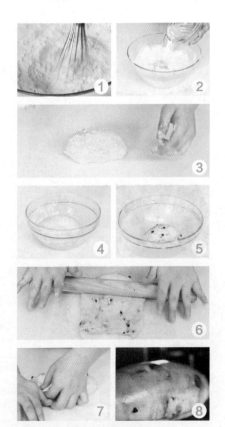

👨‍🍳 做法

1　高筋面粉、盐、酵母粉放入搅拌盆中，用手动
　　打蛋器搅拌均匀。

2　倒入水，用橡皮刮刀搅拌均匀后，手揉面团15
　　分钟至面团起筋。

3　在面团中加入无盐黄油，用手揉至无盐黄油被
　　完全吸收。

4　面团放入碗中盖上保鲜膜，待面团基本发酵15
　　分钟。

5　取出面团，加入入炉巧克力和核桃，揉匀，表
　　面喷少许水，松弛20分钟。

6　取出发酵好的面团，擀平。

7　将其整成橄榄形，放在烤盘上发酵30分钟。

8　放入烤箱，以上、下火180℃烤25分钟即可。

> **烘焙妙招**
> 可将核桃仁放入研磨机打磨
> 成小粒后再使用。

蔓越莓芝士球

⏱ 烘焙：15分钟　🍱 难易度：★★☆

📦 材料

面团：高筋面粉250克，酵母粉2克，麦芽糖2克，水172毫升，盐5克，无盐黄油7克，蔓越莓干（温水泡软）50克；**馅料**：芝士丁110克；**表面装饰**：高筋面粉适量

扫一扫学烘焙

👨‍🍳 做法

1. 将面团材料中的粉类（除盐外，需留5～8克高筋面粉）放入大盆中，加入麦芽糖和水，拌匀并揉成团。
2. 加入无盐黄油和盐，通过揉和甩打，混匀。
3. 包入蔓越莓干，收口捏紧，用刮刀将面团切成4等份，叠加在一起，揉均匀。
4. 把面团放入盆中，盖上保鲜膜，发酵20分钟。
5. 取出发酵好的面团，分成4等份，并揉圆，表面喷少许水，松弛10～15分钟。
6. 分别把面团稍压扁，包入两块芝士丁，收口捏紧，均匀地放在烤盘上，最后发酵55分钟。
7. 在面团表面撒上高筋面粉，用剪刀剪出十字。
8. 放入烤箱以上火240℃、下火220℃烤15分钟即可。

> **烘焙妙招** 🥄
> 划刀时划见芝士即可，不要划太深。

好吃又营养
巧克力含有蛋白质、可可碱、镁、钾等营养成分，具有增强记忆力、健胃促消化等功效。

巧克力星星面包

⏱ 烘焙：18~20分钟　🍲 难易度：★★★

🍱 材料

面团：高筋面粉270克，低筋面粉30克，酵母粉3克，细砂糖30克，牛奶200毫升，盐2克，无盐黄油30克；**馅料**：榛果巧克力酱100克；**表面装饰**：全蛋液适量

👨‍🍳 做法

1 将面团材料中的粉类（除盐外）搅匀；再倒入牛奶，拌匀并揉成不粘手的面团。

2 加入无盐黄油和盐，通过揉和甩打，将面团混合均匀。

3 将面团揉圆放入盆中，包上保鲜膜发酵30分钟。

4 取出发酵好的面团，分割成4等份，并揉圆，表面喷少许水，松弛20~25分钟。

5 揉圆的小面团稍压扁后，用擀面杖擀成圆片状，把直径20厘米活底烤模模底放在上面，切出大小一致的圆面皮。

6 在一片圆面皮上涂榛果巧克力酱，覆盖上另一片圆面皮，再涂榛果巧克力酱，至完成三层夹馅，覆盖上最后一片圆面皮。

7 用刀在面团的边缘切开8等份，把切开的边缘按逆时针翻转。面团放入烤盘中发酵55分钟，表面刷上一层全蛋液。

8 放入烤箱以上火175℃、下火170℃烤18~20分钟即可。

烘焙妙招 🥄🔪

烤箱预热后再放入生坯，可使烤好的面包更松软。

芝心番茄面包

🕐 烘焙：13～15分钟　　🍲 难易度：★★☆

🥣 材 料

面包体：高筋面粉140克，细砂糖2.5克，速发酵母粉2克，奶粉5克，水42毫升，番茄酱35克，鸡蛋15克，无盐黄油10克，盐1克；**内馅**：芝士酱适量；**表面装饰**：蛋液少许，迷迭香草适量

👨‍🍳 做 法

1　把高筋面粉过筛后放入大盆中，加入细砂糖、奶粉、速发酵母粉，用手动打蛋器搅散。

2　加入水、鸡蛋和番茄酱，用橡皮刮刀拌匀成团。

3　取出面团放在操作台上，揉匀。

4　加入盐和无盐黄油，揉匀至面团表面光滑。

5　将面团搓圆，包上保鲜膜松弛15～20分钟。

6　将面团分成5等份，并揉圆。

7　按压面团呈饼状，包入一勺芝士酱，捏紧收口，搓圆。

8　准备一个烤模，放上烘焙纸杯，把面团放入纸杯中，盖上湿布发酵约40分钟。

9　在面团表面刷上蛋液，加上迷迭香草作装饰。

10　放入已预热至180℃的烤箱，烤13～15分钟。

烘焙妙招

面团放在纸杯里烤可以防黏附，使面包更好脱模。

葵花子无花果面包

🕐 烘焙：15分钟　🍲 难易度：★★☆

🗋 材料

酵母粉1克，清水60毫升，高筋面粉90克，盐1克，蜂蜜5克，无花果干（切块）40克，葵花子25克，芥花籽油10毫升

👨‍🍳 做法

1 将酵母粉倒入装有清水的碗中，拌成酵母粉水。

2 将高筋面粉倒入搅拌盆中，再倒入拌匀的酵母粉水、盐、芥花籽油、蜂蜜。

3 将搅拌盆中的材料拌匀，制成面团。

4 取出面团放在操作台上，揉至面团表面光滑。

5 将面团盖上保鲜膜，室温发酵约60分钟。

6 取出面团放在操作台上用刮板分切成4等份，进行室温发酵约15分钟。

7 将分切好的面团擀成长条形的面团，放上无花果干，再将面团滚圆。

8 将面团刷上蜂蜜（分量外），再裹上葵花子。

9 将面团室温发酵约40分钟。

10 放入已预热至200℃的烤箱中烤15分钟即可。

> **烘焙妙招**
> 粉类材料中间挖洞再加入液体类材料，能更快地揉成团。

烘焙妙招
可依个人喜好，适当增减红辣椒的用量。

辣椒面包 🕙 烘焙：10分钟 🍲 难易度：★★☆

🎛 材料

面团部分：高筋面粉500克，黄奶油70克，奶粉20克，细砂糖100克，盐5克，鸡蛋1个，水200毫升，酵母粉8克；**馅料**：橄榄油15毫升，红辣椒丁30克，蛋清20克，白芝麻适量

👨‍🍳 做法

1 将细砂糖、水倒入容器中，搅拌至细砂糖溶化，待用。

2 把高筋面粉、酵母粉、奶粉倒在案台上，用刮板开窝。

3 依次放入糖水、鸡蛋、黄油、盐，每加一样都要揉均匀，直至揉搓成光滑的面团。

4 包好保鲜膜，静置10分钟。

5 取适量面团搓圆，稍压平，放入橄榄油，揉匀成小球。

6 将其切成4等份，搓圆。

7 小球稍捏平，放入洗净的红辣椒丁，揉成面包生坯。

8 将面包生坯常温发酵2小时。

9 给面包坯刷上蛋清，撒上白芝麻。

10 放入烤箱以上、下火190℃的温度烤10分钟即可。

红豆面包

🕐 烘焙：12～15分钟　　🍲 难易度：★★☆

🫙材料

面包体：高筋面粉88克，低筋面粉37克，细砂糖20克，速发酵母粉2克，水40毫升，牛奶10毫升，鸡蛋50克，无盐黄油15克，盐1克；**内馅**：豆沙馅80克；**表面装饰**：罐头红豆适量，蛋液少许

👨‍🍳 做 法

1 筛好的高筋面粉、低筋面粉放入大碗中。

2 加入细砂糖、速发酵母粉，搅拌均匀后加入水。

3 加入牛奶和鸡蛋，用橡皮刮刀搅拌成团。

4 加入无盐黄油和盐，包起来继续揉至面团充分吸收无盐黄油和盐。

5 把面团揉成一个圆球，放入盆中，包上保鲜膜松弛约25分钟。

6 将松弛好的面团用刮板分成4等份，搓圆。

7 将面团压扁，中间放上豆沙馅，收口捏紧，搓圆。

8 盖上湿布发酵45分钟，用筷子在顶部轻压。

9 刷上少许蛋液。

10 放入烤箱以上火170℃、下火150℃烤12～15分钟，烤好后放上少许红豆粒装饰。

> **烘焙妙招**
> 在面团表面戳洞可以方便放上红豆粒，可增加口感。

绿茶红豆包

🕐 烘焙：15分钟　　🍲 难易度：★★☆

📋 材料

中种：鸡蛋25克，牛奶58毫升，奶粉6克，酵母粉2克，高筋面粉95克；**主面团**：细砂糖36克，绿茶粉6克，酵母粉2克，水22毫升，高筋面粉70克，无盐黄油20克，盐2克；**其他**：红豆馅180克，全蛋液适量

👨‍🍳 做法

1　把中种材料（除高筋面粉外）搅匀，加入高筋面粉揉成团，盖保鲜膜发酵。

2　把主面团中的所有粉类（除盐外）与中种面团搅匀，加入水、无盐黄油和盐，揉成团，发酵。将面团分成6等份，揉圆，压扁，放上30克红豆馅，收口捏紧，揉圆，刷全蛋液，放入已预热至180℃烤箱烤熟即可。

抹茶樱花面包

🕐 烘焙：15分钟　　🍲 难易度：★★☆

📋 材料

高筋面粉250克，抹茶粉5克，速发酵母粉4克，细砂糖15克，水85毫升，牛奶100毫升，无盐黄油18克，盐2克，红豆馅120克，盐渍樱花适量

👨‍🍳 做法

1　准备一个大碗，放入高筋面粉、抹茶粉、速发酵母粉、细砂糖、牛奶、水、无盐黄油和盐，拌匀并揉圆放入碗中，喷上水，盖保鲜膜或湿布静置松弛15~20分钟。

2　将面团分成6等份，揉圆；红豆馅分成6等份，搓圆，包入红豆馅，收口捏紧，揉圆，盖上湿布，发酵50分钟，表面放上盐渍樱花，放入已预热至170℃的烤箱中烤15分钟即可。

芋泥面包

⏱ 烘焙：18~20分钟　🍲 难易度：★★☆

🏺 材料

中种：牛奶125毫升，高筋面粉200克，酵母粉3克；**主面团**：高筋面粉70克，低筋面粉30克，鸡蛋1个，细砂糖20克，盐1克，牛奶12毫升，无盐黄油15克；**馅料**：芋泥（装入裱花袋中备用）100克；**表面装饰**：蛋液适量，熟白芝麻适量

🍳 做法

1　把中种材料拌匀，揉成为光滑面团，放入盆中，盖上保鲜膜，发酵90分钟成中种面团。

2　将主面团材料中的粉类（除盐外）放入大盆中，搅匀；再打入鸡蛋，倒入牛奶，加入中种面团，拌匀，并揉成不粘手的面团。

3　加入无盐黄油和盐，揉匀，将面团揉圆，放入盆中，包上保鲜膜，进行基本发酵约15分钟。

4　取出面团，分成4等份并揉圆，喷水松弛。

5　分别把面团稍压扁，挤入芋泥，并收口捏紧，然后压成椭圆形，卷起。

6　在面团表面划3刀，发酵40分钟。

7　在面团表面刷上蛋液，撒上熟白芝麻。

8　入烤箱以上火175℃、下火170℃烤18~20分钟。

> **烘焙妙招** 🥄
> 在进烤箱前给面包刷上一层蛋液，能帮助面包上色。

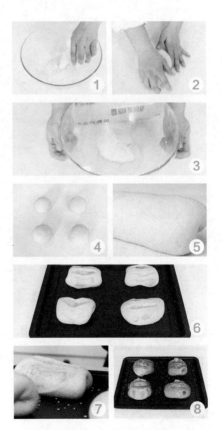

黑芝麻红薯包

⏱ 烘焙：10分钟　🍴 难易度：★★☆

📋 材料

高筋面粉450克，水400毫升，细砂糖30克，黄油20克，熟红薯泥80克，黑芝麻适量

扫一扫学烘焙

👨‍🍳 做法

1 往50克高筋面粉中加70毫升水揉成面糊A，静置24小时。

2 取50克高筋面粉用刮板开窝，加50毫升水揉面糊B，加一半面糊A揉成面糊C，静置24小时。

3 按揉面糊B法揉面糊D，加一半面糊C混匀，揉成面糊E，静置24小时。

4 取100克高筋面粉加170毫升水揉成面糊F，加一半面糊E揉匀，保鲜膜封好静置10小时，制成天然酵母。

5 剩余高筋面粉加水、细砂糖、黄油，揉成团。

6 将面团和天然酵母混匀，分数等份搓圆。

7 将熟红薯泥包入，收口搓圆，制成生坯。

8 生坯粘上黑芝麻，入面包纸杯发酵。

9 放入烤箱以上下火190℃烤10分钟。

10 取出烤好的面包即可。

烘焙妙招

在气温降低的情况下，可以将面团放入水温为30℃的蒸锅中，加快面皮的发酵，以节省面包制作的时间。

毛毛虫果干面包

⏱ 烘焙：18分钟　　🍲 难易度：★★☆

🧂 材料

面包体： 高筋面粉250克，细砂糖50克，奶粉7克，速发酵母粉2克，水125毫升，鸡蛋25克，无盐黄油25克，盐2克；**内馅：** 葡萄干适量，核桃碎适量，芝士酱适量

👨‍🍳 做法

1　葡萄干放温水中泡软，备用。

2　高筋面粉中加入细砂糖、奶粉、速发酵母粉，拌匀。

3　加入鸡蛋和水，混合均匀。

4　取出面团，揉至面团光滑，加入无盐黄油和盐。

5　揉至无盐黄油和盐完全吸收，喷上水，盖保鲜膜静置松弛。

6　取出松弛好的面团，将面团擀成长圆形，用刮板分成两半。

7　在面团上半部分撒上葡萄干和核桃碎，切开，推压变薄。

8　在面团的下半部分切上几刀，把面团卷起成毛毛虫的形状，在凹陷处挤上芝士酱。盖上湿布发酵约40分钟至两倍大。

9　放入已预热至200℃的烤箱中烤18分钟至熟即可。

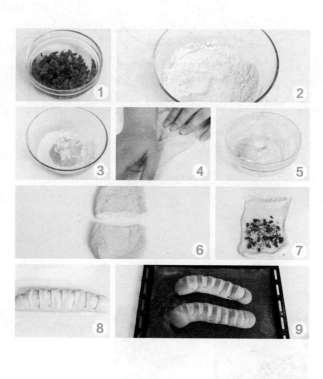

北海道炼乳棒

⏱ 烘焙：10分钟　🍲 难易度：★★☆

📋 材 料

面团：高筋面粉250克，盐5克，细砂糖30克，酵母粉2克，原味酸奶25毫升，牛奶25毫升，水150毫升，无盐黄油15克；**炼乳馅**：无盐黄油64克，炼奶26克，细砂糖7克，朗姆酒4毫升

👨‍🍳 做 法

1 将面团材料中的所有粉类（除盐外）搅匀。

2 加入原味酸奶、牛奶和水，拌匀并揉成团。

3 加入无盐黄油和盐，通过揉和甩打，混合成光滑的面团，盖上保鲜膜发酵20分钟。

4 取出面团，分成3等份，揉圆，表面喷水，松弛10~15分钟。把面团擀成长圆形，卷起成圆筒状，压扁，圆筒两端收口捏紧，发酵50分钟。

5 把炼乳馅中的所有材料放入大碗中，打发。

6 取一个裱花袋装上圆齿形裱花嘴，然后把打发好的炼乳馅装入裱花袋中备用。

7 在面团表面斜划3刀，放入烤箱上火220℃、下火180℃烤约10分钟，取出放凉。

8 用刀从面包的侧面切开，挤上炼乳馅即可。

> **烘焙妙招**
> 无盐黄油使用前最好先在室温下软化。

椰丝奶油包

材料

面团：细砂糖40克，奶粉8克，酵母粉3克，鸡蛋液28克，牛奶40毫升，水28毫升，高筋面粉165克，无盐黄油20克，盐2克；**其他**：全蛋液适量，椰丝适量，无盐黄油100克，糖浆18克

做法

1 将糖浆倒入100克无盐黄油中，用电动打蛋器打发，装入裱花袋。将面团材料中的粉类（除盐外）搅匀，加入鸡蛋、牛奶、水、盐和无盐黄油揉成面团，发酵。取出面团，分3等份揉圆，擀成椭圆形，卷成橄榄形，发酵。

2 放入已预热至180℃的烤箱烤25分钟取出，划开，刷鸡蛋液，撒椰丝，中间挤入奶油即可。

圣诞树面包

烘焙：16分钟　难易度：★★☆

材料

面包体：高筋面粉250克，细砂糖50克，奶粉7克，速发酵母粉2克，水125毫升，鸡蛋25克，无盐黄油25克，盐2克；**表面装饰**：糖粉适量，蛋液适量

做法

1 将高筋面粉、细砂糖、奶粉、速发酵母粉、鸡蛋、水、无盐黄油和盐拌匀，揉成面团，盖保鲜膜松弛。从面团中分出1个50克的面团、6个32克的面团，分别揉圆。

2 从剩余面团中分出1个24克的面团作为树的顶端，放在铺油纸的烤盘上拼接成树的形状，盖上湿布发酵，刷蛋液，入已预热至180℃的烤箱烤16分钟，撒上糖粉即可。

花生卷包

⏱ 烘焙：25分钟　🍲 难易度：★★☆

📖 材料

面团：高筋面粉165克，奶粉8克，细砂糖40克，酵母粉3克，鸡蛋28克，牛奶40毫升，水28毫升，无盐黄油20克，盐2克；**花生酱：**花生酱90克，细砂糖28克，无盐黄油15克；**表面装饰：**全蛋液适量，花生碎适量

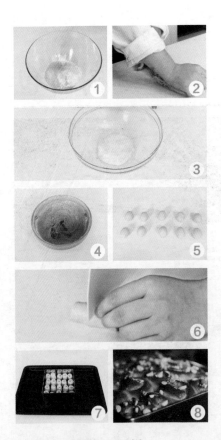

👨‍🍳 做法

1 将面团材料中的粉类（除盐外）放入大盆中，搅匀；再倒入牛奶、鸡蛋和水，拌匀并揉成不粘手的面团。

2 加入无盐黄油和盐，通过揉和甩打，混匀。

3 将面团揉圆，包上保鲜膜发酵15分钟。

4 把花生酱材料混合均匀，备用。

5 取出发酵好的面团，分成10等份，并揉圆，表面喷少许水，松弛10～15分钟。

6 分别把小面团擀成长圆形，表面刷花生酱，卷起成柱状，两端捏紧，从中间切开，分两半。

7 把面团放置在模具中，发酵60分钟。

8 在面团表面刷全蛋液，撒上花生碎。放入烤箱以上火180℃、下火185℃烤约25分钟即可。

> **烘焙妙招**
> 在面团表面刷上全蛋液，烤好的面包表面会变得金黄。

烘焙妙招
大豆油要分次倒入，这样才能使材料搅拌得更均匀。

圣诞面包圈

🕐 烘焙：20分钟　🍲 难易度：★★★

🍞 材料

面包体：高筋面粉200克，速发酵母粉2克，细砂糖20克，盐2克，大豆油15毫升，水100毫升，无盐黄油20克；**表面装饰**：蛋液少许，蔓越莓干适量，葡萄干适量，核桃碎适量，糖粉适量

🍳 做法

1　大碗中放入高筋面粉。

2　放入细砂糖、速发酵母粉和盐，用手动打蛋器搅拌均匀。

3　加入大豆油、水，拌成面团。

4　在面团中加入无盐黄油，并揉至无盐黄油完全吸收。

5　面团揉圆后盖上保鲜膜静置松弛约25分钟。

6　把面团分成3等份，分别把面团擀长，卷起搓成长条。

7　用编辫子的方法把长形面团编成辫子的形状。

8　放入模具中，盖上湿布发酵。

9　刷蛋液，撒上蔓越莓干、葡萄干和核桃碎，再刷蛋液。

10　放入预热至200℃的烤箱中烤约20分钟，撒上糖粉即可。

好吃又营养
面粉含有蛋白质、
碳水化合物、多种
矿物质，具有养心
益肾、健脾厚肠、
除热止渴等功效。

双色熊面包圈

🕐 烘焙：20分钟　📦 难易度：★★★

📋 **材 料**

可可面团：高筋面粉250克，细砂糖50克，可可粉15克，奶粉7克，速发酵母粉2克，水125毫升，鸡蛋25克，无盐黄油25克，盐2克；**原味面团**：高筋面粉250克，细砂糖50克，奶粉7克，速发酵母粉2克，水125毫升，鸡蛋25克，无盐黄油25克，盐2克；**表面装饰**：黑巧克力笔1支

🍳 **做 法**

1　大盆中倒入可可面团材料中的高筋面粉、细砂糖、奶粉、速发酵母粉、可可粉。

2　用手动打蛋器把材料拌匀。

3　加入鸡蛋和水，混合均匀。

4　取出面团反复揉至光滑。

5　加入无盐黄油和盐，揉匀。

6　喷上水，盖湿布静置松弛约30分钟，制成可可面团。

7　用原味面团的材料按可可面团步骤做出面团，分出3个45克和6个8克的小面团搓圆，从可可面团中分出3个45克和6个8克的小面团搓圆，分别作为黑熊和白熊的头部。

8　把45克的黑白面团揉圆了间隔着放入中空模具中。

9　盖上湿布发酵约60分钟。

10　放上黑熊和白熊的耳朵。

11　放入烤箱以上火190℃、下火175℃烤20分钟，取出脱模。

12　用黑巧克力笔画上小熊的鼻子和眼睛。

烘焙妙招
可将熔化的巧克力液装入裱花袋中，对小熊进行装饰。

多彩糖果甜甜圈

🕐 烘焙：15分钟　　🍲 难易度：★★☆

🥣 材料

面包体： 低筋面粉160克，泡打粉8克，细砂糖65克，鸡蛋100克，蜂蜜15克，牛奶80毫升，无盐黄油35克，盐2克；

表面装饰： 黑巧克力砖50克，彩色糖粒适量，糖粉适量

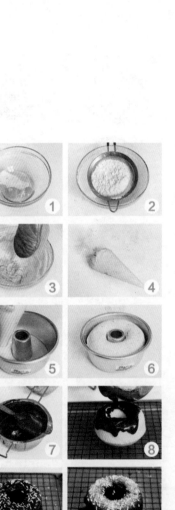

👨‍🍳 做法

1　把鸡蛋、细砂糖、盐放入大盆中，用电动打蛋器打发至浓稠状。

2　加入泡打粉和过筛的低筋面粉，拌匀。

3　将蜂蜜、牛奶和无盐黄油一同隔水熔化，加入少许步骤2的面糊拌匀，再倒回大盆内，混匀。

4　将拌好的面糊装入裱花袋中。

5　再挤入烤模中至八分满。

6　烤箱预热180℃，放入烤箱烤约15分钟至不粘黏的状态，取出冷却，脱模，作为甜甜圈的主体。

7　将黑巧克力砖隔水熔化。

8　淋在甜甜圈表面。

9　撒上少许彩色糖粒装饰。

10　用细筛网撒上糖粉装饰。

> **烘焙妙招**
> 黑巧克力砖隔水熔化时要注意温度不要超过55℃。

椒盐黑糖面包卷

🕐 烘焙：13分钟　　🍲 难易度：★★☆

🫙 材 料

中筋面粉330克，细砂糖50克，速发酵母粉3.5克，牛奶90毫升，水35毫升，鸡蛋50克，无盐黄油50克，盐2克，椒盐适量，黑糖适量

👨‍🍳 做 法

1　将水、牛奶、细砂糖、盐、鸡蛋放入盆中搅散，再倒入中筋面粉及速发酵母粉搅拌后，放入无盐黄油揉成团。

2　将面团倒在操作台上，揉至面团光滑。

3　将面团的光滑面朝上，从边缘向里折，并揉圆，将收口捏紧朝下，盖上保鲜膜，松弛约35分钟。

4　将松弛好的面团取出后擀成长圆形的面皮。

5　用刷子刷上少许熔化好的无盐黄油。

6　撒上椒盐和黑糖，再紧紧卷起，做成长条状。

7　用刀切成9等份。

8　将面团放在油布上，发酵约30分钟；同时将烤箱预热180℃。

9　将面团放入烤箱中层，以180℃的温度烤约13分钟后出炉。

意大利全麦面包棒

⏱ 烘焙：20分钟　🍲 难易度：★☆☆

📖 材料

面包体：高筋面粉50克，全麦面粉15克，细砂糖1克，速发酵母粉2克，水33毫升，橄榄油8毫升，盐1克；**表面装饰**：芝士粉适量，椒盐适量，白芝麻适量

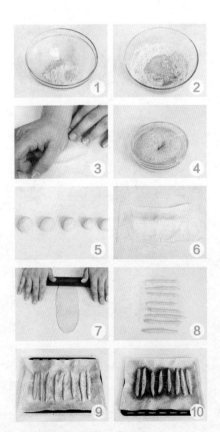

👨‍🍳 做法

1 将筛好的高筋面粉、全麦面粉和细砂糖、盐、速发酵母粉一起倒入大碗里，用手动打蛋器搅匀。

2 在面粉的中间挖洞，倒入水，倒入橄榄油，搅拌成团，用手揉搓面团两分钟至不粘手状态。

3 用手掌轻轻转动面团，将面团收成一个圆球。

4 将面团放入碗中，包上保鲜膜松弛约25分钟。

5 将面团放在操作台上，分割成几个合适大小的小面团，揉圆。

6 喷上水，盖上湿布，至面团膨胀为两倍大。

7 用擀面杖将面团擀成椭圆形。

8 将面团卷成长条状，放在铺了油布的烤盘上。

9 撒上芝士粉、椒盐和白芝麻。

10 放入预热至180℃的烤箱中烤20分钟即可。

烘焙妙招

将面团擀成长条形时可以根据自己的喜好决定粗细。

烘焙妙招

搓揉面团时手上可蘸少许油，以防面团粘手。

全麦椒盐面包圈 ⏱ 烘焙：20分钟 🍲 难易度：★★☆

📖 材料

酵母粉2克，清水90毫升，高筋面粉100克，燕麦粉50克，盐2克，芥花籽油10毫升，蜂蜜8克，黑胡椒碎2克

👨‍🍳 做法

1 酵母粉倒入水中拌成酵母粉水。

2 将高筋面粉、燕麦粉、盐、芥花籽油、蜂蜜、酵母粉水、黑胡椒碎，拌匀成面团。

3 将面团揉至表面光滑。

4 将面团盖上保鲜膜，发酵。

5 将面团分成2等份，揉圆。

6 将面团擀成长圆形的面皮，再用手压实，紧贴操作台。

7 将面皮卷起，搓成长条。

8 将长条面团的两端交叉成"只"字状，将"只"字面团的上端回折，与下端贴合捏紧，翻面后成心形面团。

9 将心形面团发酵约30分钟。

10 放入预热至200℃的烤箱中烤约20分钟即可。

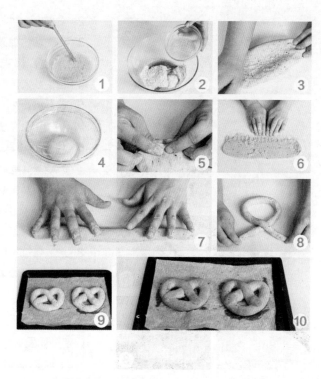

法国海盐面包

🕐 烘焙：12分钟　🍲 难易度：★☆☆

📖 材料

面团：高筋面粉250克，海盐5克，酵母粉2克，黄糖糖浆2克，水172毫升，无盐黄油8克；**海盐奶油**：无盐黄油50克，海盐5克

扫一扫学烘焙

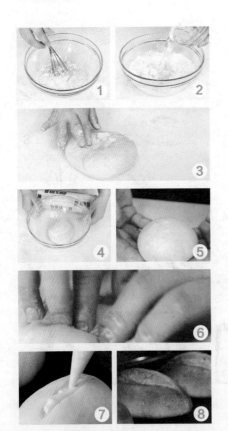

👨‍🍳 做法

1　将高筋面粉、海盐、酵母粉搅拌均匀。

2　黄糖糖浆倒入水中拌匀，再倒入面粉盆拌匀。

3　在面团中加入无盐黄油，用手揉至无盐黄油被完全吸收，呈光滑的面团。

4　面团放入碗中，盖上保鲜膜，发酵约15分钟。

5　将松弛好的面团分成每个约135克的小面团，揉圆，表面喷少许水，松弛约15分钟。

6　将面团拍平，稍微用擀面杖擀一下，再将面团反过来，两边叠成三角形的形状，再卷起来，完成后呈橄榄形，放在烤盘上，发酵35分钟。

7　室温软化的无盐黄油和海盐拌匀，装入裱花袋。在面包中间斜划一刀，挤上海盐黄油。

8　放入烤箱以上火240℃、下火220℃烤12分钟即可。

> **烘焙妙招**
> 用手揪面团，不易揪烂就说明面团发酵好了。

萨尔斯堡

⏱ 烘焙：25分钟　📦 难易度：★★☆

📦 材 料

高筋面粉250克，海盐5克，酵母粉2克，黄糖糖浆2克，水172毫升，无盐黄油8克，培根2片，乳酪100克，黑胡椒粉适量

👨‍🍳 做 法

1. 将高筋面粉、海盐、酵母粉搅拌均匀。
2. 黄糖糖浆倒入水中拌匀，再倒入面粉盆，搅拌均匀后，手揉面团15分钟，至面团起筋。
3. 在面团中加入无盐黄油，揉至面团光滑。
4. 面团放入碗中，盖上保鲜膜，发酵约15分钟。
5. 将面团分成3个等份的面团，表面喷水松弛10分钟。
6. 稍微擀一下面团，再拍打面团，排出空气，在面团两边拉出一个三角形。再把切好的乳酪丁依次排列在面团上，最后放上一片培根。
7. 包好面团，将面团放在烤盘上，发酵35分钟，用剪刀剪出开口，撒上黑胡椒粉。
8. 烤箱上火220℃、下火210℃预热，烤盘放入中层，烘烤25分钟即可。

> **烘焙妙招**
> 掌握好生坯的发酵时间，发酵不足则面包无香味。

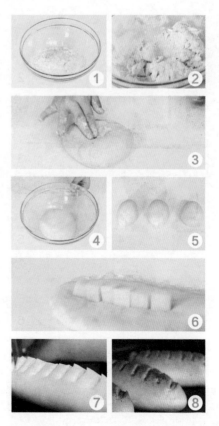

咸猪仔包

🕐 烘焙：20分钟　🍲 难易度：★★☆

📖 材料

面团：高筋面粉200克，细砂糖11克，奶粉8克，酵母粉2克，牛奶35毫升，水90毫升，无盐黄油18克，盐4克；**表面装饰**：全蛋液适量

扫一扫学烘焙

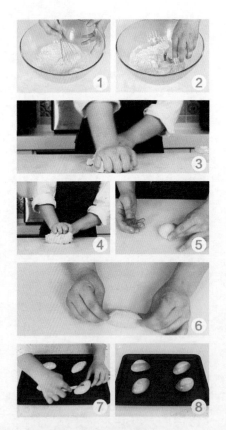

👨‍🍳 做法

1　把面团材料中的粉类（除盐外）搅匀。

2　加入牛奶和水，拌均匀并揉成团。

3　把面团取出，放在操作台上，揉匀。

4　加入盐和无盐黄油，继续揉至完全融合成为一个光滑的面团，放入盆中，盖上保鲜膜，基本发酵15分钟。

5　取出发酵好的面团，分成4等份的小面团，并揉圆，表面喷少许水，松弛10～15分钟。

6　把小面团压扁，擀成椭圆形，卷起，底部和两端收口捏紧，放在烤盘上最后发酵45分钟。

7　发酵好的面团表面均匀地刷上全蛋液，用小刀从面团中间划一刀。

8　放入烤箱，以上、下火180℃烤约20分钟即可。

> **烘焙妙招**
> 适当增加酵母粉的用量，可使面包口味更加蓬松。

香蒜小面包

🕐 烘焙：10～12分钟　📋 难易度：★☆☆

📖 材料

液种： 高筋面粉100克，水75毫升，酵母粉1克；**主面团：** 高筋面粉230克，酵母粉1克，水150毫升，盐5克，橄榄油13毫升；**表面装饰：** 蒜片适量，盐适量，橄榄油适量，芝士粉适量，罗勒叶适量

👨‍🍳 做 法

1. 把制作液种的面粉和酵母粉搅匀后，加入水，搅拌均匀后盖上保鲜膜，进行液种发酵。
2. 将主面团材料中的粉类放入大盆中搅匀，然后加入水和橄榄油拌匀，并揉成团，最后加入发酵好的液种面团，揉匀。
3. 把面团放在操作台上，继续揉至表面光滑，能够拉出薄膜。然后将面团放入盆中，盖上保鲜膜发酵18分钟。
4. 取出发酵好的面团，分成8等份，揉圆。
5. 把小面团均匀地放在派盘上，发酵45分钟。
6. 在发酵好的面团表面刷上橄榄油。
7. 撒上蒜片、盐、芝士粉和罗勒叶。
8. 入烤箱，以上、下火200℃烤10～12分钟即可。

> **烘焙妙招**
> 出烤箱后如果冷却温差过大，很容易使面包表面起皱。

烘焙妙招
在烤好的面包上刷一层黄油，可以增加面包的光泽。

咖喱面包 ⏱ 烘焙：20分钟 🍲 难易度：★★☆

📷 材 料

馅料：咖喱35克，青椒丁15克，胡萝卜丁15克，洋葱丁15克，盐1克，芥花籽油少许；**面团**：高筋面粉150克，豆浆60毫升，枫糖浆15克，酵母粉2克，芥花籽油15毫升，盐2克

👨‍🍳 做 法

1 锅中注油烧热，放入青椒丁、胡萝卜丁、洋葱丁翻香。

2 倒入咖喱、1克盐，炒至食材熟软成馅料，盛出。

3 豆浆加酵母粉制成酵母粉豆浆。

4 高筋面粉中加入2克盐、酵母粉豆浆、芥花籽油、枫糖浆。

5 用橡皮刮刀拌匀成面包面团。

6 将面团在操作台上揉光滑。

7 面团盖上保鲜膜，室温发酵30分钟后擀成面皮。

8 用手将面皮压实，紧贴操作台，放入馅料，抹均匀。

9 将面皮卷成圆柱体，斜切几刀，露出内馅，发酵40分钟。

10 放入180℃的烤箱烤20分钟至熟即可。

咖喱杂菜包

烘焙：15分钟　难易度：★★☆

材料

面团：高筋面粉200克，细砂糖25克，酵母粉4克，鸡蛋1个，牛奶30毫升，无盐黄油30克，盐4克；**其他：**无盐黄油8克，杂蔬80克，日式咖喱酱、盐、胡椒粉、全蛋液、杏仁片各适量

做 法

1 将8克无盐黄油放锅中加热熔化，加入杂蔬、日式咖喱酱、盐、胡椒粉，炒成馅料。

2 把面团材料中的粉类（除盐外）搅匀，加鸡蛋、牛奶、无盐黄油和盐，揉成面团，发酵片刻。将面团分6等份并揉圆，包入馅料，收口捏紧，刷全蛋液，撒杏仁片。

3 放入已预热至180℃的烤箱烤15分钟至熟即可。

蔬菜卷

烘焙：20分钟　难易度：★★☆

材 料

高筋面粉160克，细砂糖25克，低筋面粉40克，无盐黄油25克，酵母粉4克，鸡蛋1个，盐3克，牛奶75毫升，蔬菜碎60克，火腿碎20克，芝士碎50克，全蛋液适量

做 法

1 把高筋面粉、细砂糖、低筋面粉放入大盆中搅匀，加入鸡蛋、牛奶、盐和无盐黄油，揉成光滑面团，放入盆中，盖上保鲜膜，基本发酵约15分钟，擀成四边形。

2 放入蔬菜碎、火腿碎和芝士碎，卷起面团，两边收口捏紧，切成2厘米厚的小块，最后发酵约45分钟。面团表面刷全蛋液，入烤箱以上火180℃、下火185℃烤20分钟即可。

法式蔬菜乳酪面包

⏱ 烘焙：10分钟　🍲 难易度：★★☆

📋 材料

高筋面粉250克，盐5克，酵母粉2克，糖粉2克，水175毫升，乳酪丁50克，青椒丁40克，红椒丁40克，色拉油5克，盐5克，细砂糖5克

扫一扫学烘焙

👨‍🍳 做法

1　将色拉油、乳酪丁、青椒丁、红椒丁、细砂糖、盐放入碗中，搅拌均匀备用。

2　高筋面粉、酵母粉、盐放入搅拌盆中，用打蛋器搅拌均匀。

3　倒入水，用橡皮刮刀搅拌均匀后，手揉面团15分钟，至面团起筋，加入拌好的蔬菜丁，将其与面团混合，揉匀。

4　将揉好的面团放在碗中，用保鲜膜封好，基本发酵15分钟。

5　用擀面杖擀平面团，对折，然后将面团对半切开。

6　将面团放置在烤盘上，最后发酵30分钟。

7　撒上糖粉，在中心划两道浅口。

8　放入烤箱以上、下火200℃烤10分钟即可。

烘焙妙招

烘烤面包的温度不宜太高，否则容易烤焦。

星形沙拉面包

⏱ 烘焙：33分钟　🍲 难易度：★★☆

🍱 材 料

面包体：高筋面粉130克，速发酵母粉2克，细砂糖20克，牛奶65毫升，鸡蛋15克，无盐黄油12克，盐1克；**表面装饰：**马苏里拉芝士碎适量，沙拉酱适量，玉米粒适量，火腿片适量，红椒粒适量，洋葱块适量，香草碎适量

👨‍🍳 做 法

1. 在盆中加入高筋面粉、牛奶和速发酵母粉混合后倒入盆中，加入细砂糖、鸡蛋。
2. 从盆的边缘往里混合材料，拌成面团。
3. 将面团揉至延展状态，加入无盐黄油和盐，继续揉成光滑的面团。
4. 把面团放入盆中，盖上湿布，松弛约20分钟。
5. 用擀面杖把面团擀平。
6. 由上向下卷起，握紧收口。
7. 放入星形吐司模内，合上盖子做最后发酵，待面团发酵成八成满，放入预热200℃的烤箱中，烤约30分钟，冷却后脱模。
8. 将脱膜的面包切片，挤上沙拉酱，放上芝士碎、火腿和蔬菜，入烤箱烤3分钟至芝士熔化，出炉后撒上香草碎。

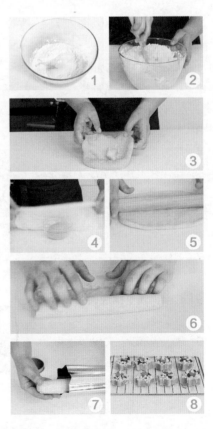

烘焙妙招
剪出来的剩余面包也可以搭配牛奶、果酱或炼奶食用。

拖鞋沙拉面包

⏱ 烘焙：20分钟　　🍲 难易度：★★☆

🫙 材 料

面包体：高筋面粉225克，细砂糖10克，速发酵母粉2克，水200毫升，橄榄油35毫升，盐2克，无盐黄油适量；**内馅**：拌好的蔬菜沙拉适量

👨‍🍳 做 法

1　大碗中加入高筋面粉。

2　加入细砂糖和1克的盐，加入速发酵母粉，用手动打蛋器拌匀。

3　加入水和橄榄油。

4　拌匀成团，将面团取出放在操作台上，揉至面团光滑，包入1克的盐和无盐黄油。

5　用手将面团揉圆。

6　包上保鲜膜松弛15～20分钟。

7　把面团分成3等份，取其中一个面团擀开成椭圆形。

8　其余面团也擀成椭圆形，静置发酵约45分钟。

9　放入烤箱以上火190℃、下火175℃，烤约20分钟，取出。

10　把全麦面包剪出拖鞋的样子，塞入拌好的蔬菜沙拉。

台式葱花面包

⏱ 烘焙：15~16分钟　🍱 难易度：★★☆

🍲 材料

面团：高筋面粉200克，低筋面粉25克，细砂糖15克，酵母粉2克，盐2克，牛奶105毫升，鸡蛋1个，无盐黄油20克；**馅料**：葱末50克，鸡蛋1个，植物油15毫升，盐适量，白胡椒粉适量

👨‍🍳 做法

1. 将面团材料中的粉类放入大盆中搅匀后，加入盐、牛奶和鸡蛋，拌匀并揉成团。

2. 加入无盐黄油，慢慢揉均匀后，把面团放入盆中，包上保鲜膜，基本发酵25分钟。

3. 取出发酵好的面团，分成6等份，揉圆，表面喷少许水，松弛10~15分钟。

4. 分别把小面团稍压扁成椭圆形后，一边压一边卷起成橄榄形，底部收口捏紧。

5. 把小面团均匀地放在烤盘上，发酵50分钟。

6. 把馅料中的所有材料放入大碗中，拌匀。

7. 在面团中间划一刀，放上拌好的馅料。

8. 放入烤箱以上火180℃、下火190℃烤约15~16分钟，取出即可。

> **烘焙妙招**
> 若无低筋面粉，可用高筋面粉和玉米淀粉以比例1:1调配。

黄金猪油青葱包

🕐 烘焙：15分钟　☕ 难易度：★★☆

📖 材料

高筋面粉250克，盐5克，细砂糖25克，即发酵母粉9克，奶粉8克，全蛋液25克，蛋黄12克，牛奶12毫升，水117毫升，无盐黄油45克，猪油62克，盐1克，糖粉2克，白胡椒粉1克，葱末75克

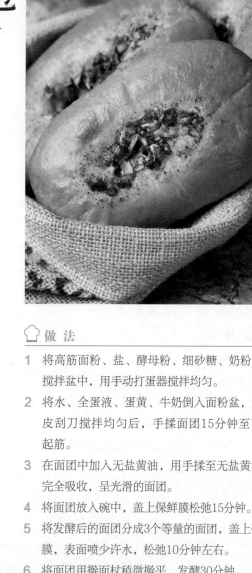

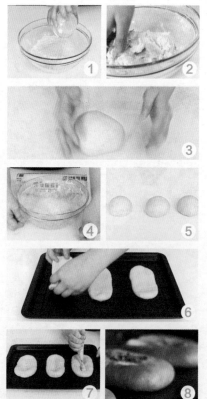

🍳 做法

1　将高筋面粉、盐、酵母粉、细砂糖、奶粉放入搅拌盆中，用手动打蛋器搅拌均匀。

2　将水、全蛋液、蛋黄、牛奶倒入面粉盆，用橡皮刮刀搅拌均匀后，手揉面团15分钟至面团起筋。

3　在面团中加入无盐黄油，用手揉至无盐黄油被完全吸收，呈光滑的面团。

4　将面团放入碗中，盖上保鲜膜松弛15分钟。

5　将发酵后的面团分成3个等量的面团，盖上保鲜膜，表面喷少许水，松弛10分钟左右。

6　将面团用擀面杖稍微擀平，发酵30分钟。

7　将猪油、葱末、糖粉、盐、白胡椒粉拌匀成内馅，装入裱花袋。面团中摁出凹处，挤上内馅。

8　将面包生坯放入烤箱，以上、下火180℃的温度烘烤10分钟至面包呈金黄色，转炉烤5分钟即可。

地中海橄榄烟肉包

⏱ 烘焙：15分钟　　🍲 难易度：★★★

🥘 材料

老面种：盐、酵母粉各1克，高筋面粉59克；**主面团：**细砂糖8克，奶粉6克，酵母粉2克，高筋面粉200克，无盐黄油15克，盐3克；**表面装饰：**全蛋液、沙拉酱各适量，烟肉碎150克，黑橄榄9粒

👨‍🍳 做法

1　把制作老面种的所有材料揉成团，发酵40分钟。把高筋面粉、细砂糖、奶粉、酵母粉、水拌匀，加入老面种、无盐黄油和盐，揉成面团，发酵20分钟。

2　将面团分成6等份，搓长条，喷水松弛。编成辫子造型，发酵50分钟，刷上全蛋液，撒上烟肉碎和黑橄榄，挤上沙拉酱。

3　放入烤箱，以上、下火180℃烤15分钟即可。

香葱烟肉包

⏱ 烘焙：15分钟　　🍲 难易度：★★☆

🥘 材料

面团：细砂糖40克，奶粉8克，酵母粉3克，全蛋液28克，牛奶40毫升，水28毫升，高筋面粉165克，黄油20克，盐2克；**其他：**全蛋液适量，沙拉酱适量，芝士碎适量，烟肉120克，葱20克，黄油适量

👨‍🍳 做法

1　锅中放入黄油烧热，放入烟肉、葱炒成馅料。

2　把面团材料揉成团，盖保鲜膜发酵20分钟。

3　将面团分成6等份，揉圆，表面喷水松弛，擀平，放上馅料，卷起，收口捏紧，从中间切开，不切断，扭转180度，切口朝上平放，发酵45分钟，刷全蛋液，挤沙拉酱，撒芝士碎，放入预热至180℃烤箱烤熟即可。

培根菠菜面包球

⏱ 烘焙：18分钟　🍳 难易度：★★☆

🥢 材料

面团：高筋面粉220克，低筋面粉30克，鸡蛋1个，牛奶95毫升，无盐黄油20克，细砂糖20克，盐2克，酵母粉3克；**馅料**：菠菜碎50克，培根50克，芝士碎80克

👨‍🍳 做法

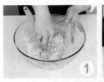

1 把面团材料中的粉类（除盐外）放入大盆中，搅匀，加入鸡蛋、牛奶和盐，拌匀并揉成团。

2 把面团取出，放在操作台上，揉匀。

3 加入无盐黄油，揉成为一个光滑的面团。

4 加入培根碎、菠菜碎及一半量的芝士碎，用刮刀将面团切开，将两块面团叠在一起，再切开，将四块面团用手揉均。

5 把面团放入盆中，盖上保鲜膜，基本发酵20分钟。

6 取出面团，分割成5等份后揉圆，均匀地放在烤盘上，最后发酵30分钟。

7 在面团表面撒上剩下的芝士碎。

8 烤箱以上火200℃、下火190℃预热，将烤盘置于烤箱中层，烤约18分钟即可。

> **烘焙妙招**　🍴
> 生坯放置在烤盘上一定要留有间距。

培根麦穗面包

🕐 烘焙：18分钟　　🍲 难易度：★★☆

📦 材料

高筋面粉125克，细砂糖20克，奶粉4克，酵母粉1克，水63毫升，鸡蛋13克，无盐黄油13克，盐1克，培根适量

扫一扫学烘焙

👨‍🍳 做法

1 在盆中加入高筋面粉、细砂糖、奶粉、酵母粉，搅拌均匀，加入鸡蛋。

2 倒入水，拌匀，和成面团。

3 将面团放到操作台上，揉至延展状态，加入无盐黄油和盐，继续揉成一个光滑的面团。

4 盖上湿布或保鲜膜松弛15～20分钟。

5 将面团分成2等份，分别用擀面杖擀成长方形。

6 两份面团分别包入培根，再分别卷成长条。

7 将面团放在高温油布上，用剪刀斜剪面团，摆放成"V"字形，剪出两条麦穗的形状。

8 喷上水，盖湿布发酵50分钟。

9 发酵好的面团连带油布一起放在烤盘上。

10 放入烤箱以220℃烤约18分钟即可。

> **烘焙妙招**
> 放在油布上对面包进行整型和发酵更方便。

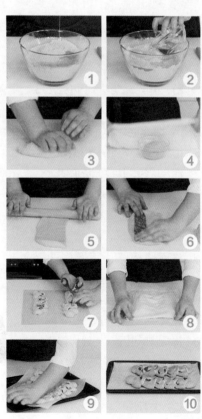

梅花腊肠面包

🕐 烘焙：10分钟　　📦 难易度：★★☆

🥫 材料

高筋面粉500克，黄奶油70克，奶粉20克，细砂糖100克，盐5克，鸡蛋1个，水200毫升，酵母粉8克，腊肠、葱花各适量

👨‍🍳 做法

1 细砂糖加水溶化，把高筋面粉、酵母粉、奶粉倒面板上，用刮板开窝。

2 倒入糖水混合匀，按压成形。

3 依次加入鸡蛋、黄奶油、盐混合均匀，揉成光滑面团。

4 用保鲜膜把面团包好静置10分钟，取适量面团，搓圆球，切成2等份。

5 将面团搓圆，用擀面杖擀平，放入备好的腊肠。

6 将面饼卷成圆筒状。

7 在生坯一侧剪开数个口子。

8 将其首尾相接，摆成梅花状。

9 发酵2小时，撒入葱花。

10 入烤箱，以上、下火190℃，烤10分钟即可。

胚芽脆肠面包

🕐 烘焙：9分钟　🍳 难易度：★★★

📦 材料

面团：高筋面粉250克，细砂糖15克，酵母粉2克，原味酸奶25毫升，牛奶25毫升，水150毫升，无盐黄油15克，盐5克，小麦胚芽15克；**其他**：香肠适量，番茄酱适量，罗勒叶适量

扫一扫学烘焙

👨‍🍳 做法

1　将面团材料中的粉类（除盐外）放入大盆中搅匀，加入原味酸奶、牛奶和水，拌匀并揉成团。

2　加入无盐黄油和盐，通过揉和甩打，将面团慢慢混合均匀，然后包入小麦胚芽，继续揉均匀。

3　把面团放入盆中，盖上保鲜膜，基本发酵20分钟。

4　将面团分成4等份揉圆，喷水松弛10～15分钟。

5　把面团分别用擀面杖擀成长圆形，然后由较长的一边开始卷成圆柱状，再搓成约30厘米的长条。

6　将一端搓尖，另一端压薄，将尖端放置于压薄处，捏紧收口，放在烤盘上最后发酵45分钟。

7　分别在面团中间放上香肠，表面挤上番茄酱。

8　放入烤箱以上火220℃、下火190℃烤约9分钟，取出，在面包表面撒上罗勒叶即可。

烘焙妙招
高筋面粉可过筛后再进行揉制，可使面包口感更细腻。

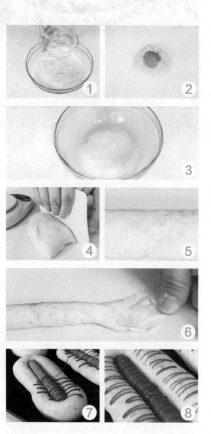

厚切餐肉包

⏱ 烘焙：15分钟　🍳 难易度：★★☆

📋 材料

面团：细砂糖40克，奶粉8克，酵母粉3克，全蛋液28克，牛奶40毫升，水28毫升，高筋面粉165克，无盐黄油20克，盐2克；**馅料**：罐装午餐肉6片；**表面装饰**：全蛋液适量

👨‍🍳 做法

1. 把面团材料中的粉类（除盐外）搅匀，加入全蛋液、牛奶、水、无盐黄油、盐，揉成面团，发酵20分钟。面团分割成6等份，揉圆，表面喷水松弛15分钟后，压扁，擀成长形。

2. 面团中间放上一片午餐肉，两端往中间折好，捏紧，折口往下，最后发酵40分钟。

3. 面团表面刷全蛋液，放入烤箱以上火185℃、下火170℃烤约15分钟即可。

紫菜肉松包

⏱ 烘焙：15分钟　🍳 难易度：★★☆

📋 材料

中种：全蛋液25克，牛奶58毫升，奶粉6克，酵母粉2克，高筋面粉95克；**主面团**：细砂糖36克，酵母粉、黑芝麻粉、盐各2克，清水22毫升，高筋面粉70克，黄油20克；**其他**：紫菜适量，肉松60克，黄油12克

👨‍🍳 做法

1. 将肉松、12克黄油拌匀成肉松馅。把中种粉类材料搅匀，加入液体类材料，揉成团，发酵成中种面团。

2. 把主面团材料（除黄油和盐外）搅匀，加入中种面团、20克黄油和盐，揉成团，发酵25分钟，分成6等份揉圆压扁，包入肉松馅揉圆，贴上紫菜，放入预热至180℃烤箱烤至熟即可。

香辣肉松面包

⏱ 烘焙：15分钟　🍳 难易度：★★☆

🍶 材料

面团：高筋面粉165克，细砂糖40克，奶粉8克，酵母粉3克，全蛋液16克，牛奶50毫升，水30毫升，无盐黄油20克，盐2克；**表面装饰**：炼奶8克，香辣肉松100克

👨‍🍳 做法

1. 把面团材料中的粉类（除盐外）放入大盆中，搅匀。

2. 加入全蛋液、牛奶、水和盐，拌匀并揉成团，再把面团取出，放在操作台上，揉匀。

3. 加入无盐黄油，揉成一个光滑的面团，放入盆中，盖上保鲜膜，基本发酵15分钟。

4. 取出面团，分成6等份，表面喷少许水，松弛10~15分钟，分别用擀面杖擀成椭圆形。

5. 把面团两端向中间对折，卷起成橄榄形。

6. 然后均匀地放在烤盘上，最后发酵50分钟。

7. 烤箱上火185℃、下火170℃预热，将烤盘置于烤箱中层，烤15分钟，取出。

8. 在面包表面刷炼奶，撒香辣肉松即可。

> **烘焙妙招** 🥢
> 面皮卷成卷后要捏紧，以免散开，影响外观。

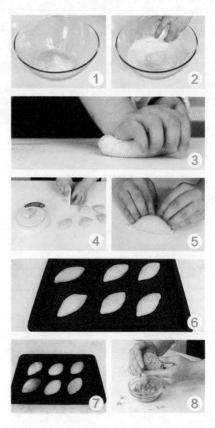

滋味肉松卷

⏱ 烘焙：18~20分钟　🍲 难易度：★★★

📋 **材 料**

面团：高筋面粉250克，即食燕麦片50克，酵母粉2克，细砂糖20克，牛奶210毫升，鸡蛋1个，盐1克，无盐黄油30克；**馅料**：肉松100克，芝士碎80克；**表面装饰**：全蛋液适量，香草适量

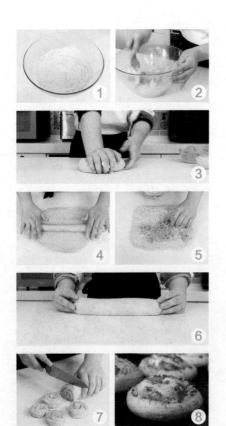

👨‍🍳 **做 法**

1　把面团材料中的粉类和即食燕麦片（除盐外）放入大盆中，搅匀。

2　加入鸡蛋、牛奶，拌匀并揉成团，再把面团取出，放在操作台上，揉匀。

3　加入盐和无盐黄油，揉成为一个光滑的面团，放入盆中，盖上保鲜膜，基本发酵15分钟。

4　取出面团，稍压扁，用擀面杖擀成方形。

5　在面团表面撒上芝士碎和肉松。

6　卷起面团成柱状，两端收口捏紧，底部捏合。

7　用刀切成10等份，放在烤盘上发酵40分钟，在面团表面刷一层全蛋液并撒上一些香草。

8　放入烤箱以上火180℃、下火190℃烤18~20分钟至面包表面呈金黄色，取出，撒上香草即可。

> **烘焙妙招**
> 若是没有香草，可以用葱花来代替。

金枪鱼面包

⏱ 烘焙：12分钟　　🍲 难易度：★★☆

🥘 材料

面团：高筋面粉200克，酵母粉2克，细砂糖20克，鸡蛋1个，水90毫升，盐2克，无盐黄油20克；**馅料**：金枪鱼罐头1罐，玉米50克，沙拉酱40克，盐适量，黑胡椒适量；**表面装饰**：蛋液适量

👨‍🍳 做法

1　将面团材料中的粉类放入大盆中搅匀。

2　加入鸡蛋和水，加入盐2克，拌匀并揉成团。

3　加入无盐黄油，揉均匀。

4　把面团放入盆中，包上保鲜膜，基本发酵25分钟。

5　把馅料中的所有材料放入另一个盆中，拌匀。

6　取出发酵好的面团，分成5等份，揉圆，表面喷少许水，松弛10～15分钟。

7　分别把小面团稍擀平，包入适量的馅料，收口捏紧，然后放在烤盘上发酵50分钟。

8　发酵好后，用剪刀在面团表面剪出十字，刷上蛋液。烤箱以上火185℃、下火180℃预热，将烤盘置于烤箱中层，烤约12分钟，取出即可。

> **烘焙妙招**
> 发酵过程中注意给面团保湿，每过一段时间可喷少许水。

烘焙妙招

可以根据自己的口味，添加芝士粉的量。

面具佛卡夏 ⏱烘焙：10~12分钟 ▮难易度：★★☆

🥣材料

液种：高筋面粉100克，水75毫升，酵母粉1克；**主面团：**高筋面粉230克，酵母粉1克，水150毫升，盐5克，橄榄油13毫升；**表面装饰：**橄榄油适量，红椒末适量，罗勒叶适量，芝士粉适量，盐适量

👨‍🍳做法

1. 在制作液种的高筋面粉中加入酵母粉和水，揉成面团，盖上保鲜膜，进行液种发酵。

2. 将主面团材料中的粉类搅匀，加入水、橄榄油、盐，揉匀，与发酵好的液种面团揉匀。

3. 把面团揉至表面光滑，盖上保鲜膜发酵30分钟。

4. 把面团取出，分割成4等份并揉圆，表面喷水，松弛15分钟。

5. 把面团放在烤盘上，擀开。

6. 在面团中间切一刀，左右各斜切3刀，刷橄榄油，发酵。

7. 撒上盐、红椒末、罗勒叶和芝士粉。

8. 入烤箱以上、下火210℃烤10~12分钟即可。

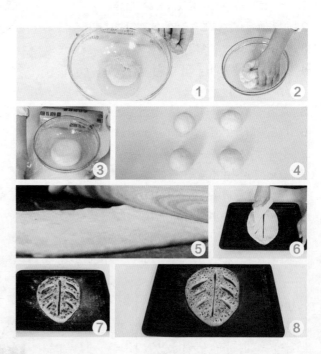

大蒜佛卡夏

🕐 烘焙：15~20分钟　🍲 难易度：★☆☆

📋 材料

面团：高筋面粉200克，细砂糖5克，酵母粉2克，水120毫升，橄榄油8毫升，盐2克；**表面装饰：**橄榄油适量，大蒜10瓣，迷迭香4克

👨‍🍳 做法

1　将面团材料中的粉类（除盐外）放入大盆中搅匀。

2　加入水和橄榄油，拌匀并揉成团。

3　加入盐，慢慢揉均匀。

4　把面团放入盆中，盖上保鲜膜，基本发酵25分钟。

5　取出发酵好的面团，分成2等份，搓成椭圆形，表面喷少许水，松弛10~15分钟。

6　两个椭圆形面团用擀面杖擀成长圆形，放在烤盘上，发酵60分钟。

7　在发酵好的面团上刷上少许橄榄油，用手指在面团表面压几个洞，压入大蒜，撒上迷迭香。

8　放入烤箱以上火210℃、下火190℃烤15~20分钟即可。

> **烘焙妙招**
> 大蒜可以事先烘烤一下。

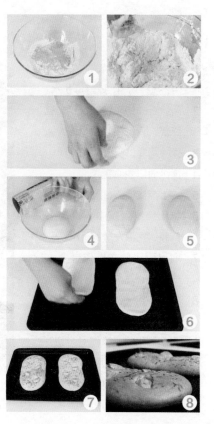

烘焙妙招

黑橄榄对半切开味道会更浓郁。

橄榄佛卡夏面包

⏱ 烘焙：15分钟　　🍲 难易度：★☆☆

📖 材料

酵母粉1克，清水45毫升，高筋面粉75克，盐2克，蜂蜜20克，芥花籽油20毫升，黑橄榄碎5克，黑橄榄适量

👨‍🍳 做法

1 将酵母粉倒入装有清水的碗中，搅拌均匀，成酵母粉水。

2 高筋面粉中加入酵母粉水、盐、蜂蜜、芥花籽油（留少许）。

3 搅拌均匀，制成面包面团。

4 揉至面团表面变光滑。

5 放上黑橄榄碎，揉匀。

6 将面团放入碗中，再盖上保鲜膜，室温发酵约60分钟。

7 取出面团放在操作台上，擀成面皮，发酵约20分钟。

8 将面皮放在铺有油纸的烤盘上，刷上少许芥花籽油。

9 将装饰用的黑橄榄对半切开，放在面团上，发酵20分钟。

10 放入已预热至200℃的烤箱中烤约15分钟即可。

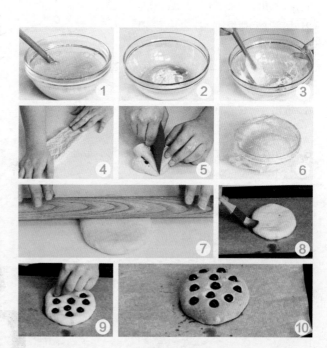

原味司康

⏱ 烘焙：25分钟　🍲 难易度：★☆☆

📋 材料

低筋面粉220克，无盐黄油100克，细砂糖50克，泡打粉10克，鸡蛋1个，盐1克，牛奶30毫升，淡奶油15克，全蛋液适量

👨‍🍳 做法

1. 把无盐黄油和细砂糖放入盆中，用电动打蛋器打至蓬松羽毛状。
2. 分多次加入鸡蛋、淡奶油、牛奶，继续搅打均匀。
3. 加入盐和泡打粉，搅打均匀。
4. 加入过筛的低筋面粉，拌匀成团。
5. 取出面团，放在操作台上，用手反复揉至面团表面光滑，然后揉圆。
6. 把面团放在烤盘上，用手压成扁圆形，然后用刀切成8等份。
7. 在面团表面刷上少许全蛋液。
8. 烤箱以上火180℃、下火185℃预热，将烤盘置于烤箱的中层，烤约25分钟至面包上色即可。

> **烘焙妙招**
> 面团冷藏的温度以10℃左右为佳，能增强面团的韧性。

抹茶司康

🕐 烘焙：25分钟　🍲 难易度：★☆☆

🧂 材料

低筋面粉210克，抹茶粉10克，泡打粉4克，盐1克，细砂糖50克，无盐黄油115克，鸡蛋1个，牛奶30毫升，杏仁片100克

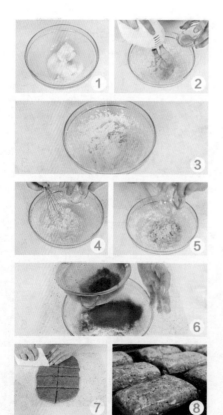

👨‍🍳 做法

1. 把100克无盐黄油和细砂糖放入盆中，用电动打蛋器搅打成蓬松羽毛状。

2. 打入鸡蛋，边加边搅匀。

3. 加入牛奶，边加边搅匀。

4. 加入盐，搅匀。

5. 加入杏仁片，拌匀。

6. 筛入低筋面粉、抹茶粉和泡打粉，拌匀并揉成团。

7. 用擀面杖将面团擀开成长方形，切成8～15等份，放在烤盘上，表面刷上剩余的15克室温融化的无盐黄油。

8. 烤箱以上火180℃、下火185℃预热，将烤盘置于烤箱中层，烤约25分钟至面包上色即可。

烘焙妙招

揉面团时，双手应同时施力，前后搓动，边搓边推。

蓝莓司康

⏱ 烘焙：20分钟　🍲 难易度：★☆☆

🍱 材料

芥花籽油30毫升，清水70毫升，蜂蜜40克，柠檬汁8毫升，柠檬皮碎1克，盐0.5克，泡打粉2克，低筋面粉185克，蓝莓干40克

👨‍🍳 做法

1　将芥花籽油、清水、蜂蜜、柠檬汁倒入搅拌盆中，用手动打蛋器搅拌均匀。

2　倒入柠檬皮碎、盐，搅拌均匀。

3　将泡打粉、低筋面粉过筛至搅拌盆中，翻拌至无干粉的状态，揉成光滑的面团。

4　取出面团放在操作台上揉一会儿，将面团按扁，放上蓝莓干。

5　继续揉至蓝莓干均匀分布在面团内，且面团表面变光滑，制成蓝莓司康面团。

6　用橡皮刮板将蓝莓司康面团分切成8等份。

7　取烤盘，铺上油纸，再放上切好的蓝莓司康面团。

8　将烤盘放入已预热至180℃的烤箱中层，烤约20分钟，取出，放凉即可。

> **烘焙妙招**
>
> 面团的厚度要均匀，以免影响到司康的外观。

香橙司康

⏱ 烘焙：25分钟　🍞 难易度：★ ☆ ☆

🥣 材料

蜂蜜20克，芥花籽油30毫升，清水20
毫升，甜酒5毫升，盐1克，低筋面粉
140克，泡打粉2克，香橙丁12克

👨‍🍳 做法

1　将蜂蜜、芥花籽油、清水、甜酒倒入搅拌盆中。

2　再倒入盐，搅拌均匀。

3　将低筋面粉、泡打粉过筛至搅拌盆中。

4　用橡皮刮刀将材料翻拌至无干粉的状态。

5　倒入香橙丁，翻拌均匀后用手轻轻揉成光滑的
　　面团，制成香橙司康面团。

6　取出香橙司康面团，放在操作台上。

7　将其分成4等份，放在铺有油纸的烤盘上。

8　将烤盘放入已预热至180℃的烤箱中层，烤约
　　25分钟即可。

> **烘焙妙招**
> 刷上蛋黄液，可以使烤好的
> 成品颜色更好看。

香蕉司康

⏱ 烘焙：25分钟　🍲 难易度：★☆☆

📖 材料

香蕉（去皮）100克，蜂蜜22克，芥花籽油10毫升，清水40毫升，柠檬汁3毫升，盐0.5克，低筋面粉140克，泡打粉2克

🥄 做法

1. 将香蕉倒入搅拌盆中，用小叉子碾成香蕉泥。
2. 搅拌盆中倒入蜂蜜、芥花籽油、清水、柠檬汁。
3. 用手动打蛋器搅拌至材料完全混合。
4. 倒入盐，搅拌均匀。
5. 将低筋面粉、泡打粉过筛至搅拌盆中。
6. 用橡皮刮刀翻拌成无干粉的状态，轻轻揉成司康面团，再分成3个等量的面团。
7. 取烤盘，铺上油纸，将3个司康面团放在上面。
8. 将烤盘放入已预热至180℃的烤箱中层，烤约25分钟，取出，放凉即可。

烘焙妙招
烤盘上铺上油纸能防止司康粘在烤盘上。

胡萝卜司康

🕐 烘焙：15分钟　　🍳 难易度：★☆☆

🏺 材料

中筋面粉125克，泡打粉5克，蔓越莓干30克，胡萝卜丝30克，黑糖20克，鸡蛋25克，牛奶30毫升，无盐黄油33克，盐1克，糖粉适量

👨‍🍳 做法

1　蔓越莓干用热水泡15分钟，沥干水分，备用。

2　将鸡蛋、牛奶混合成蛋奶液，备用。

3　准备一个大盆，把中筋面粉、泡打粉放入盆中。

4　加入盐、黑糖和无盐黄油，迅速揉搓混合至无盐黄油完全被面团吸收为止。

5　倒入蛋奶液，轻轻拌匀。

6　加入蔓越莓干和胡萝卜丝，轻轻拌匀成团。

7　把面团取出放在操作台上，将面团整成厚约2厘米的圆饼状，用刮刀分割成8等份的三角形，放在油布上。

8　烤箱以上火180℃、下火175℃预热，进烤箱烤约15分钟至表面上色，取出。

9　筛上少许糖粉即可。

> **烘焙妙招**
> 胡萝卜丝要细，以免影响成品口感。

脆皮吐司

📦 材料

高筋面粉250克，海盐5克，酵母粉3克，黄糖糖浆2克，水172毫升，无盐黄油8克

👨‍🍳 做法

1 将高筋面粉、海盐、酵母粉放入搅拌盆中拌匀，加入黄糖糖浆、无盐黄油、水，揉成光滑的面团，盖上保鲜膜，发酵约15分钟。

2 将面团分成2个等量的小面团，擀开，卷起，喷水松弛15分钟，擀开，重新卷起。

3 将两个卷好的面团放入吐司模具，稍稍压扁，发酵60分钟。

4 在面团中间斜划一刀，放进烤箱，以上火170℃、下火240℃烤45分钟即可。

可可棋格吐司

⏱ 烘焙：30分钟　🍲 难易度：★★☆

📦 材料

原味面团：高筋面粉300克，酵母粉5克，无盐黄油12克，淡奶油50克，鸡蛋50克，盐6克，细砂糖15克，牛奶120毫升；**可可面团**：可可粉10克，牛奶15毫升

👨‍🍳 做法

1 把原味面团材料搅匀，揉成面团。

2 把面团分成两份，取其中一份放入可可粉和牛奶，揉成可可面团。

3 把两种面团分别盖上保鲜膜发酵25分钟，分别分成6等份，搓圆，表面喷水松弛。

4 把两种颜色的面团交替放入吐司模具中，盖上盖子，发酵60分钟。放入烤箱以上火170℃、下火240℃烤30分钟即可。

蓝莓吐司

🕐 烘焙：35分钟　🍲 难易度：★☆☆

📖 材 料

高筋面粉300克，酵母粉6克，盐6克，
细砂糖10克，无盐黄油25克，蓝莓果
酱120克，水80毫升

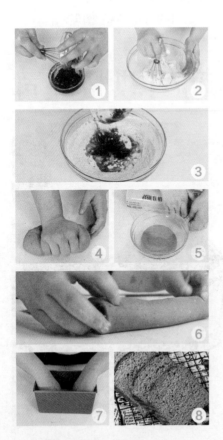

🍳 做 法

1　把蓝莓果酱倒入水中拌匀，备用。

2　把面团材料中的粉类（除盐外）搅匀。

3　加入步骤1的材料，拌匀并揉成团。把面团取
出，放在操作台上，揉圆。

4　加入盐和无盐黄油，继续揉至完全融合成为一
个光滑的面团。

5　把面团放入盆中，盖上保鲜膜，发酵20分钟。

6　取出发酵好的面团，用擀面杖擀平成长方形，
卷起成柱状，底部和两端收口捏紧，放入吐司
模中，最后发酵90分钟，至七分满模。

7　吐司模放在烤盘上，再放入烤箱以上火
180℃、下火170℃烤35分钟。

8　取出烤好的吐司，切片即可。

> **烘焙妙招**
> 制作这款面包要选用高筋面
> 粉，烤好的面包才有嚼劲。

蔓越莓吐司

⏱ 烘焙：40分钟　🍲 难易度：★☆☆

🍱 材料

面团：高筋面粉270克，低筋面粉30克，奶粉15克，细砂糖10克，酵母粉3克，水205毫升，无盐黄油20克，盐2克；**馅料：**蔓越莓干（温水泡软）适量

👨‍🍳 做法

1 将面团材料中的所有粉类放入大盆中搅匀。

2 加入水，拌匀并揉成团。

3 加入无盐黄油，揉均匀。

4 把面团放入盆中，盖上保鲜膜，发酵25分钟。

5 取出发酵好的面团，分成2等份，揉圆，表面喷少许水，松弛10~15分钟。

6 面团擀成长圆形，将面团由外侧向内开始卷起成柱状，两端收口捏紧，将面团旋转90度，再擀成长圆形。重复此步骤4~5次。

7 撒上蔓越莓干，卷起成柱状，放入吐司模中发酵约120分钟，盖上盖子。

8 放入烤箱上火190℃、下火200℃烤约40分钟，取出即可。

> **烘焙妙招**
> 将面包倒出模具时，最好戴着隔热手套，以免烫伤。

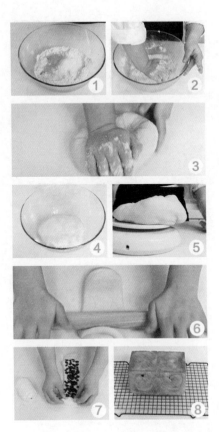

枫叶红薯面包

⏱ 烘焙：30分钟　🍲 难易度：★★☆

📖 材 料

面团：高筋面粉280克，酵母粉2克，细砂糖20克，无盐黄油40克，鸡蛋1个，牛奶120毫升，盐2克，无盐黄油45克，黑芝麻8克，白芝麻8克；**表面装饰**：红薯块（煮熟切块）适量，枫糖浆40克，无盐黄油5克

扫一扫学烘焙

👨‍🍳 做 法

1　40克无盐黄油隔水熔化，加入枫糖浆，备用。

2　把面团材料中的粉类（除盐外）搅匀，加入鸡蛋、牛奶、盐、黑芝麻和白芝麻，拌匀并揉成团。

3　把面团取出，放在操作台上，揉匀。

4　加入45克无盐黄油，揉成为一个光滑的面团，放入盆中，盖上保鲜膜，基本发酵15分钟。

5　取出发酵好的面团，分割成21等份的小面团，并揉圆，表面喷少许水，松弛10～15分钟。

6　小面团蘸上黄油糖浆；红薯块放入剩余的黄油糖浆中拌匀，与小面团间隔着放入吐司模中。

7　5克无盐黄油用微波炉（10秒）熔化后，刷在面团表面。面团发酵90分钟至七分满模。

8　入烤箱以上火190℃、下火180℃烤30分钟。

烘焙妙招

面团揉搓至其表面光滑，撑开、拉扯时具有良好韧性。

奶油地瓜吐司

⏱ 烘焙：38分钟　🍲 难易度：★☆☆

🥗 材料

高筋面粉280克，酵母粉4克，细砂糖28克，牛奶130毫升，番薯泥120克，盐2克，无盐黄油20克，熔化的无盐黄油15克

扫一扫学烘焙

👨‍🍳 做法

1　把材料中的粉类（除盐外）搅匀。

2　加入番薯泥和牛奶，拌匀并揉成团。把面团取出，放在操作台上，揉匀。

3　加入盐和无盐黄油，继续揉至完全融合成为一个光滑的面团，放入盆中，盖上保鲜膜，基本发酵20分钟。

4　将面团分成3等份，表面喷水松弛10~15分钟。

5　分别把3个面团揉成椭圆形。

6　用擀面杖把面团擀成长圆形，然后卷成圆柱状，整齐地放入吐司模中，最后发酵90分钟至七分满模。

7　发酵好的面团表面刷上熔化的无盐黄油。

8　放入烤箱以上、下火170℃烤约38分钟即可。

> **烘焙妙招**
> 在模具中刷一层黄油，这样更方便吐司脱模。

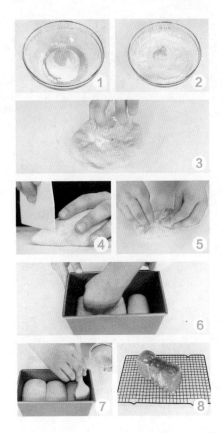

巧克力大理石吐司

🕐 烘焙：35分钟　　🍞 难易度：★★☆

📖 材料

面团：高筋面粉250克，细砂糖15克，酵母粉2克，原味酸奶25毫升，牛奶25毫升，水150毫升，无盐黄油15克，盐5克；**馅料：**巧克力酱（装入裱花袋中备用）50克

扫一扫学烘焙

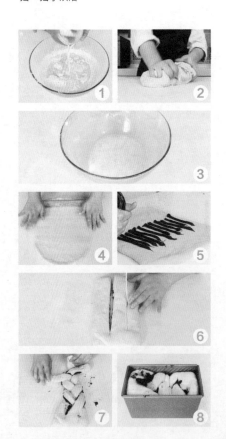

👨‍🍳 做法

1　将面团材料中的粉类（除盐外）放入大盆中搅匀，加入原味酸奶、牛奶和水，拌匀并揉成团。

2　加入无盐黄油和盐，通过揉和甩打，将面团混合均匀。

3　把面团放入盆中，盖上保鲜膜，发酵20分钟。

4　取出发酵好的面团，稍压扁后用擀面杖擀成长方形。

5　在面团中间均匀地挤上一排巧克力酱。

6　面团对折，用刮板在表面切两刀，切断一边，另一边不要切断。

7　用编辫子的手法把面团做成辫子的形状。

8　放入吐司模中，发酵90分钟至八分满模，放入烤箱上火190℃、下火200℃烤35分钟即可。

> **烘焙妙招**
> 在烤好的吐司上刷一层蜂蜜，可使其口感更佳。

葡萄干吐司

🕐 烘焙：25分钟　🍚 难易度：★☆☆

📖 材料

高筋面粉250克，盐5克，细砂糖30克，酵母粉3克，原味酸奶25毫升，牛奶25毫升，水150毫升，无盐黄油15克，葡萄干50克，红酒5毫升

👨‍🍳 做法

1　将高筋面粉、细砂糖、酵母粉放入搅拌盆中，用手动打蛋器搅拌均匀。

2　倒入水、牛奶、盐、原味酸奶、红酒继续搅拌，至液体材料与粉类材料完全融合。

3　用手揉成面团，揉约15分钟，至面团起筋。

4　在面团中加入无盐黄油，揉成光滑的面团。

5　加入葡萄干揉均匀后将面团放入搅拌盆中，盖上保鲜膜，表面喷少许水，松弛约15分钟。

6　取出面团，将其分成2等份的面团，揉至光滑，并搓成圆形。

7　将面团擀平再卷成圆柱形，放进吐司模具中压好，室温发酵60分钟。

8　放入烤箱以上、下火180℃烤25分钟即可。

> **烘焙妙招**
> 掌握好面粉与酵母粉的比例是制作面包的关键。

黄金胚芽吐司

🕐 烘焙：35分钟　　🍳 难易度：★☆☆

📋 材料

高筋面粉500克，小麦胚芽30克，细砂糖60克，原味酸奶50毫升，牛奶50毫升，水300毫升，无盐黄油30克，盐10克，酵母粉6克

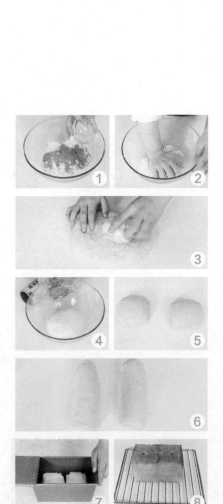

👨‍🍳 做法

1　将面团材料中的粉类（除盐外）与小麦胚芽放入大盆中搅匀。

2　加入原味酸奶、牛奶和水，拌匀并揉成团。

3　加入无盐黄油和盐，通过揉和甩打，混匀。

4　面团放入盆中，盖上保鲜膜，基本发酵20分钟。

5　取出发酵好的面团，分成2等份，并揉圆，表面喷少许水，松弛10~15分钟。

6　两个面团分别擀成长圆形，将面团由外侧向内开始卷起成柱状，两端收口捏紧，将面团旋转90度，再擀成长圆形，重复此步骤4~5次。

7　把面团放在吐司模具中，盖上盖子，发酵120分钟，发酵至面团顶住盖子。

8　入烤箱以上火220℃、下火240℃烤35分钟。

> **烘焙妙招**
> 生坯放在不烫手的热水里隔水发酵，可以缩短发酵时间。

蜂蜜燕麦吐司

🕐 烘焙：30分钟　🍳 难易度：★☆☆

🧂 材料

酵母粉1克，高筋面粉125克，燕麦粉50克，盐2克，清水100毫升，碧根果仁20克，蜂蜜25克，芥花籽油20毫升

👨‍🍳 做法

1　将酵母粉倒入装有清水的碗中，搅拌均匀，制成酵母粉水。

2　将高筋面粉、燕麦粉、盐倒入搅拌盆中，再倒入酵母粉水、15毫升芥花籽油、蜂蜜。

3　将搅拌盆中的材料翻拌均匀，揉成面团。

4　取出面团放在操作台上，反复揉和甩打至面团起筋，再揉至面团表面光滑。

5　将面团盖上保鲜膜，室温发酵约30分钟。

6　撕开保鲜膜，取出面团放在操作台上，用刮板分成2等份的面团。

7　将面团不光滑的面由边缘向中心收拢，捏紧收口朝下，整成圆形，再擀成长圆形。

8　将面皮卷起成圆柱体，表面喷少许清水，静置约10分钟后，再擀成长圆形面皮。

9　放上碧根果仁，卷起成圆柱体，即成蜂蜜燕麦吐司面团，放入吐司模具中，发酵约50分钟。

10　在面团表面刷剩余的芥花籽油，放入预热至200℃的烤箱中层，烤约30分钟，取出即可。

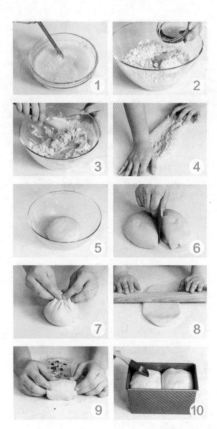

西瓜造型吐司

⏱ 烘焙：38分钟　🍱 难易度：★★☆

📋 材料

西瓜肉面团：高筋面粉150克，细砂糖10克，速发酵母粉1克，红曲粉10克，水30毫升，无盐黄油10克，盐1克；**原味面团**：高筋面粉75克，细砂糖5克，速发酵母粉1克，水50毫升，无盐黄油5克，盐1克；**抹茶面团**：高筋面粉100克，抹茶粉4克，细砂糖8克，速发酵母粉1.5克，水70毫升，无盐黄油8克，盐2克

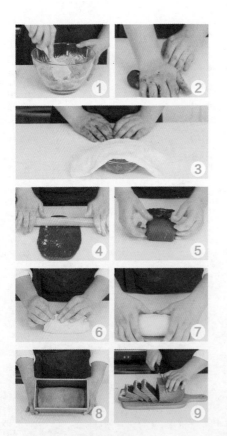

👨‍🍳 做法

1　将西瓜肉面团中的材料（除无盐黄油外）放入盆中搅匀，倒入水，用橡皮刮刀拌成面团。

2　揉成面团，加入无盐黄油揉至面团光滑。

3　将面团盖上湿布静置松弛25分钟。

4　原味面团和抹茶面团按西瓜肉面团的揉面程序揉制。把西瓜肉面团擀开成与烤模同宽的长方形。

5　卷起呈柱状，再次擀成长条，卷起备用。

6　原味面团擀成长方形，把西瓜肉面团包裹起来，收口捏紧。

7　抹茶面团擀成长方形，包入原味面团，收口。

8　放入吐司模中，表面喷水，发酵约70分钟。

9　放入已预热至190℃的烤箱中烤约38分钟，取出，切片食用即可。

> **烘焙妙招**
> 可适当加入酵母粉的用量，以便更易发面。

培根芝士吐司

⏱ 烘焙：25分钟　🍳 难易度：★★☆

🧂 材料

面团： 高筋面粉250克，海盐5克，细砂糖25克，酵母粉9克，奶粉8克，全蛋液25克，蛋黄12克，牛奶12毫升，水117毫升，无盐黄油45克；**馅料：** 芝士丁30克，培根两片，洋葱片30克，芝士碎适量，沙拉酱20克，芥末酱适量，全蛋液适量

👨‍🍳 做法

1　将高筋面粉、细砂糖、海盐、酵母粉、奶粉放入搅拌盆中，用手动打蛋器搅拌均匀。

2　倒入水、全蛋液、蛋黄、牛奶，用橡皮刮刀搅拌均匀后，手揉面团15分钟，至面团起筋。

3　加入无盐黄油，揉至面团光滑。

4　面团盖上保鲜膜，待面团基本发酵约15分钟。

5　将松弛后的面团分成2份等量的面团，并将其揉成圆形，包上保鲜膜，松弛约15分钟。

6　取出面团，将其擀平，各加入芝士丁、培根一片，卷成卷，放进吐司模具，压扁，发酵约90分钟。

7　在面团表面刷上全蛋液，放上洋葱片、芝士碎，并挤上沙拉酱和芥末酱。

8　放入烤箱，以上、下火180℃的温度烤25分钟即可。

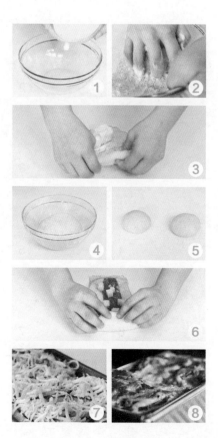

大嘴巴青蛙汉堡

🕐 烘焙：15~18分钟　🍲 难易度：★★☆

📋 材料

面包体：高筋面粉220克，低筋面粉30克，细砂糖20克，速发酵母粉3克，鸡蛋50克，水95毫升，无盐黄油20克，盐2克；**表面装饰**：黑巧克力笔适量，火腿适量，生菜适量，芝士片适量

👨‍🍳 做法

1 将高筋面粉、低筋面粉和速发酵母粉搅匀。

2 加入鸡蛋、水、细砂糖、无盐黄油和盐揉匀。

3 将面团揉至光滑，再揉圆。

4 包上保鲜膜松弛约30分钟。

5 取出松弛好的面团，排出空气，分成2等份，其中的一份再分成4个小圆球当眼睛，分别揉圆。

6 将小圆球插入牙签，分别戳入大圆球上方，做成青蛙的眼睛。

7 在面团表面喷水，盖上湿布发酵40分钟。

8 放入烤箱以上火175℃、下火160℃烤15~18分钟。将黑巧克力隔水加热后，装入裱花袋。

9 取出面包，将底部切半，塞入火腿、生菜、芝士片，最后再用巧克力笔在面包上画出青蛙的眼睛和鼻孔。

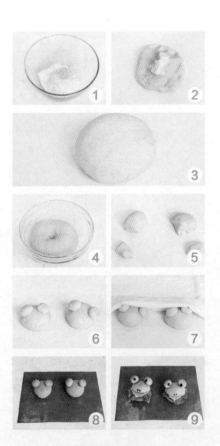

烤培根薄饼

🕐 烘焙：15分钟　🍲 难易度：★★☆

🥣 材料

高筋面粉250克，盐5克，酵母粉2克，水175毫升，无盐黄油35克，乳酪丁50克，火腿丁50克，培根50克，沙拉酱适量，全蛋液适量

👨‍🍳 做法

1　高筋面粉、盐、酵母粉放入搅拌盆中，用手动打蛋器搅拌均匀。

2　倒入水，用橡皮刮刀搅拌均匀后，手揉面团15分钟，至面团起筋。

3　在面团中加入无盐黄油，用手揉至无盐黄油被完全吸收，呈光滑的面团。

4　面团放入碗中，盖上保鲜膜，发酵约15分钟。

5　取出面团，擀成圆片面皮。

6　将面皮放入烤盘，刷上全蛋液。

7　用叉子在面饼的中间戳气孔，再依次放上火腿丁、培根、乳酪丁，挤上沙拉酱。

8　放入烤箱以上、下火190℃烤15分钟即可。

烘焙妙招

扎小孔时记得要分布均匀，能防止烤制时面皮起泡。

豆腐甜椒披萨

🕐 烘焙：15分钟　🍲 难易度：★★☆

材料

高筋面粉150克，豆腐65克，甜椒酱20克，圣女果（切片）20克，黑橄榄（切片）6克，枫糖浆15克，白芝麻4克，酵母粉1.5克，盐2克，清水90毫升

做法

1 将酵母粉倒入清水中拌成酵母水。将高筋面粉、盐拌匀，倒入酵母粉水、枫糖浆拌匀，揉成面团，盖上保鲜膜发酵30分钟。

2 取出面团，撒上高筋面粉（分量外），擀成面皮，移入烤盘，刷上甜椒酱，放上捣碎的豆腐，放上一圈圣女果片，于圈内再放上黑橄榄片，撒上白芝麻，放入已预热至200℃的烤箱中层，烤约15分钟即可。

菠萝披萨

🕐 烘焙：20分钟　🍲 难易度：★★☆

材料

高筋面粉150克，牛油果泥30克，蜂蜜10克，酵母粉2克，盐2克，清水25毫升，菠萝片65克，开心果碎5克，橄榄油5毫升

做法

1 将酵母粉倒入清水中，拌匀成酵母水。将高筋面粉、盐混匀，放入酵母粉水、蜂蜜、牛油果泥，揉成面团，盖上保鲜膜发酵30分钟。取出面团，撒上高筋面粉（分量外），擀成厚度为2厘米的面皮，放入烤盘，在面皮表面放菠萝片，刷上橄榄油。

2 放入烤箱以200℃的烤箱中层，烘烤约20分钟，取出撒上一层开心果碎即可。

Part 4

丝滑蛋糕篇

相较于面包的朴实松软，蛋糕则多了一层精致浪漫的外衣，赏心悦目之余，更是带来舌尖的美好体验。本章详细介绍了多款美味蛋糕的制作方法，如嫩滑大蛋糕、美味蛋糕卷、可爱杯子蛋糕等，配以清晰的图片，甜香好似扑鼻而来。你是否已迫不及待想要自己动手？

戚风蛋糕

⏱ 烘焙：20分钟　🍲 难易度：★★☆

🍚 材料

蛋黄4个，细砂糖100克，色拉油45毫升，牛奶45毫升，低筋面粉70克，泡打粉1克，盐1克，蛋白4个，柠檬汁1毫升

👨‍🍳 做法

1 烤箱通电，以上火170℃、下火160℃预热。

2 将色拉油、牛奶和20克细砂糖搅拌均匀。

3 加入蛋黄、盐搅拌均匀，加入泡打粉拌匀。

4 加入低筋面粉，拌至无面粉小颗粒。

5 另置一玻璃碗，倒入蛋白，加入80克细砂糖，用电动打蛋器打至硬性发泡后，加入柠檬汁继续搅拌。

6 先将蛋黄面粉糊和一半的蛋白糊混合，从底往上翻拌均匀，再倒入另一半蛋白糊。

7 拌匀后倒入蛋糕模具，使其表面平整。

8 放入烤箱烤20分钟左右，烤好后马上取出倒扣放凉以防回缩，彻底冷却后，将蛋糕倒出来即可。

> **烘焙妙招**
> 烤的时候不能使用防黏的蛋糕模以免膨胀不均匀。

肉松戚风蛋糕

⏱ 烘焙：20分钟　🍱 难易度：★★☆

🗳 材 料

蛋黄50克，细砂糖100克，色拉油45毫升，牛奶45毫升，低筋面粉70克，泡打粉1克，盐1克，蛋白100克，柠檬汁1毫升，肉松100克

👨‍🍳 做 法

1　烤箱通电，以上火170℃、下火160℃进行预热。

2　将色拉油、牛奶和20克细砂糖拌匀。

3　加入蛋黄搅拌均匀，加入盐拌匀，再加入泡打粉搅拌均匀。

4　加入低筋面粉并用搅拌器搅拌均匀至无颗粒。

5　另取玻璃碗，在蛋白中加入80克细砂糖，打至硬性发泡，加入柠檬汁继续搅拌。

6　先将蛋黄糊和一半蛋白糊混合，倒入蛋糕模具，用长柄刮板刮平表面。

7　把肉松均匀撒在面糊上。

8　放入烤箱烤20分钟左右，烤好后马上取出倒扣放凉以防回缩，冷却后，将蛋糕倒出来即可。

> **烘焙妙招**
> 制作戚风蛋糕一定要使用无味的植物油。

抹茶蜜语

⏱ 烘焙：30分钟　🍲 难易度：★★☆

📖 材料

蛋白4个，细砂糖50克，蛋黄4个，低筋面粉60克，抹茶粉10克，色拉油30毫升，牛奶30毫升，动物性淡奶油100毫升，水果适量，红豆适量，糖粉适量

👨‍🍳 做 法

1. 烤箱通电，以上、下火160℃进行预热。
2. 把蛋黄、色拉油、牛奶搅拌均匀。
3. 加入20克细砂糖搅拌均匀，再加入低筋面粉和抹茶粉，搅拌成黏稠的糊状。
4. 另置玻璃碗，将蛋白和30克细砂糖打至硬性发泡。
5. 将打发好的蛋白加一半到面粉糊中，用长柄刮板翻拌均匀后，再倒入剩下的蛋白霜翻拌。
6. 把拌好的面糊倒入蛋糕模具中，在桌面轻敲模具，使面糊表面平整。
7. 把蛋糕放入预热好的烤箱中烘烤30分钟。
8. 烤好后将蛋糕脱模，用裱花袋将打发好的淡奶油挤在蛋糕上，筛上糖粉，用水果和红豆点缀即可。

> **烘焙妙招**
> 绿茶粉制作的蛋糕呈暗黄色，抹茶粉则呈鲜亮的绿色。

经典熔岩蛋糕

⏱ 烘焙：7~8分钟　🍲 难易度：★☆☆

⚖ 材料

蛋黄12个，全蛋4个，细砂糖125克，低筋面粉120克

👨‍🍳 做法

1 烤箱以上火220℃、下火180℃预热。

2 将全蛋、细砂糖、蛋黄倒入玻璃碗中，用电动打蛋器打发约15分钟，加入低筋面粉，翻拌均匀，把面糊倒入装有烘焙纸的蛋糕模具中。

3 放进预热好的烤箱中烘烤7~8分钟，取出烤好的蛋糕装盘即可。

⏱ 烘焙：10分钟　🍲 难易度：★★☆

德式苹果蛋糕

⚖ 材料

松饼粉55克，鸡蛋1个，苹果1个，柠檬汁5毫升，牛奶50毫升，糖粉适量

👨‍🍳 做法

1 将苹果去芯，切成薄片，将柠檬汁倒入苹果片中，防止苹果氧化变色。

2 将鸡蛋倒入搅拌盆中，打散（留两勺蛋液备用）。

3 倒入牛奶、松饼粉，搅拌，制成蛋糕糊，倒入模具中，抹平。

4 将苹果片整齐放在蛋糕糊表面，再用勺子浇上一些蛋液。

5 放入预热至180℃的烤箱中，烘烤约10分钟，取出，脱模，在表面撒上糖粉即可。

地瓜叶红豆磅蛋糕

⏱ 烘焙：35分钟　🍲 难易度：★★☆

📖 材料

地瓜叶30克，植物油60毫升，细砂糖60克，牛奶150毫升，鸡蛋50克，低筋面粉130克，泡打粉5克，熟地瓜80克，红豆粒30克

👨‍🍳 做法

1　锅中倒入适量植物油，放入地瓜叶，炒熟，放凉。

2　将炒好的地瓜叶和牛奶倒入榨汁机中，制成地瓜叶牛奶汁。

3　将鸡蛋及细砂糖倒入搅拌盆中，用手动打蛋器搅打均匀，倒入剩余的植物油，拌匀。

4　将地瓜叶牛奶汁倒入步骤3的混合物中拌均匀。

5　筛入低筋面粉及泡打粉，搅拌均匀。

6　再倒入2/3的红豆粒，搅拌均匀，制成蛋糕糊。

7　将蛋糕糊倒入磅蛋糕模具中，在表面放上熟地瓜和剩余红豆粒。

8　最后放入预热至180℃的烤箱中，烘烤约35分钟，烤好后取出放凉，脱模即可。

> **烘焙妙招**
> 地瓜叶不要炒过头，会影响口感。

极简黑森林蛋糕

⏱ 烘焙：25分钟　🍲 难易度：★★☆

🍯 材料

蛋黄75克，色拉油80毫升，低筋面粉50克，牛奶80毫升，可可粉15克，细砂糖60克，蛋白180克，塔塔粉3克，草莓适量

👨‍🍳 做法

1　将烤箱上火调至180℃，下火调至160℃预热。

2　在碗中倒入牛奶和色拉油搅拌均匀。

3　倒入低筋面粉、可可粉、蛋黄继续搅拌。

4　另置一个玻璃碗，倒入蛋白，用电动打蛋器稍微打发，倒入细砂糖、塔塔粉，继续打发至竖尖状态为佳。

5　将打好的蛋白倒入面糊中，充分翻拌均匀。

6　把搅拌好的混合面糊倒入方形模具中，将模具轻轻震荡，排出里面的气泡。

7　打开烤箱门，将烤盘放入烤箱中层，保持预热时候的温度，烘烤约25分钟。

8　烤好后，将其取出切好摆放在盘中，用草莓装饰即可。

> **烘焙妙招**　🥄
> 在烘焙前先用少许黄油将模具内壁和底部都抹匀。

奶油芝士球

⏱ 烘焙：25分钟　　🍲 难易度：★☆☆

📋 **材料**

奶油芝士360克，糖粉90克，黄油45克，淡奶油18克，柠檬汁1毫升，蛋黄90克

👨‍🍳 **做法**

1. 烤箱通电，以上火180℃、下火110℃进行预热。
2. 把奶油芝士和黄油倒入玻璃碗中拌匀，加入糖粉，再用电动打蛋器搅拌。
3. 分多次加入蛋黄，每加一次搅拌均匀，接着加入淡奶油、柠檬汁继续搅拌均匀，装入裱花袋，把面糊挤入模具中。
4. 把模具放入烤盘中，一起放进预热好的烤箱中，烤制25分钟左右，烤好后取出奶油芝士球，摆放在盘中即可。

蓝莓芝士

⏱ 烘焙：50分钟　　🍲 难易度：★★☆

📋 **材料**

奶油芝士200克，淡奶油100克，牛奶100毫升，鸡蛋2个，细砂糖75克，蓝莓酱60克

👨‍🍳 **做法**

1. 奶油芝士打散，加入鸡蛋、细砂糖，一边搅拌一边倒入淡奶油、牛奶，搅拌均匀，倒入垫有烘焙纸的蛋糕模具中。
2. 将模具放入加水的烤盘中，移入以上火160℃、下火130℃预热好的烤箱，烘烤约30分钟，取出。
3. 把蓝莓酱装入裱花袋，用剪刀剪出一个小孔，挤到烤好的蛋糕上进行装饰，再次把蛋糕放入烤箱中，隔水烘烤20分钟即可。

经典轻芝士蛋糕

🕐 烘焙：30～45分钟　🍲 难易度：★★☆

📖 材料

奶油芝士125克，蛋黄30克，蛋白70克，动物性淡奶油50克，牛奶75毫升，低筋面粉30克，细砂糖50克

👨‍🍳 做法

1　烤箱通电，以上火150℃、下火120℃进行预热。

2　把奶油芝士稍微打散，多次加入牛奶并搅拌均匀。

3　加入动物性淡奶油继续搅拌，然后加入蛋黄搅拌，再加低筋面粉，用搅拌器搅拌成膏状。

4　另置一碗，将蛋白和细砂糖打发。

5　将蛋白加入到芝士糊里。

6　把拌好的蛋糕糊倒入底部用烘焙纸包起来的蛋糕模具里，在桌面轻敲蛋糕模，使蛋糕糊表面平整。

7　把蛋糕模具放入注有高约3厘米水的烤盘里，把烤盘放进预热好的烤箱里烤30～45分钟。

8　蛋糕烤好后取出，放入冰箱冷藏1小时以上再切块食用即可。

> **烘焙妙招**
> 轻芝士蛋糕需要用水域法来烤，否则容易干硬开裂。

菠萝芝士蛋糕

⏱ 烘焙: 60分钟　🍲 难易度: ★★☆

📋 **材 料**

奶油芝士150克，细砂糖30克，鸡蛋50克，原味酸奶50毫升，朗姆酒15毫升，杏仁粉30克，玉米淀粉10克，菠萝果肉150克，蓝莓40克，镜面果胶适量

👨‍🍳 **做 法**

1　将奶油芝士倒入搅拌盆中，加入细砂糖，搅打至顺滑。

2　分两次加入鸡蛋，搅拌至完全融合。

3　倒入原味酸奶，搅拌均匀。

4　倒入朗姆酒，搅拌均匀。

5　筛入杏仁粉和玉米淀粉搅拌均匀，制成芝士糊。

6　均匀倒入陶瓷烤碗中，抹平表面。

7　将切好的菠萝整齐地摆放在芝士糊表面，再摆上适量蓝莓。

8　放入预热至170℃的烤箱中，烘烤约60分钟，至表面呈焦色，将烤好的蛋糕取出，在表面刷上镜面果胶即可。

烘焙妙招
奶油芝士使用前需室温软化。

朗姆酒芝士蛋糕

🕐 烘焙: 25~30分钟　　🍴 难易度: ★★☆

🥣 材料

消化饼干80克，无盐黄油25克，奶油芝士300克，淡奶油80克，细砂糖60克，朗姆酒120毫升，鸡蛋70克，浓缩柠檬汁30毫升，低筋面粉25克

👨‍🍳 做法

1　将消化饼干压碎，加入无盐黄油，搅拌均匀。

2　将慕斯圈的底部包上锡纸，将步骤1中的混合物放入，压紧实，放入冰箱冷藏30分钟。

3　将奶油芝士及细砂糖搅打至顺滑。

4　倒入打散的鸡蛋，搅拌均匀。

5　再依次加入淡奶油、朗姆酒，每放入一种材料都需要搅拌均匀。

6　加入浓缩柠檬汁，搅拌均匀。

7　筛入低筋面粉，搅拌均匀，制成芝士糊。

8　将芝士糊筛入干净的搅拌盆中。

9　取出饼干底，倒入芝士糊，抹平表面。

10　放入预热至170℃的烤箱中，烘烤25~30分钟，放凉，放入冰箱冷藏3小时，取出即可。

> **烘焙妙招**
> 可个人根据喜好调整朗姆酒的用量。

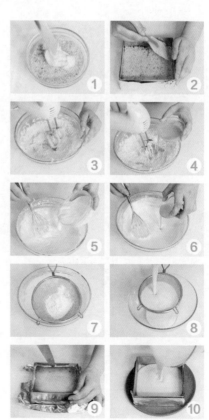

纽约芝士蛋糕

⏱ 烘焙：70分钟　🍲 难易度：★★★

📖 材 料

饼干底：奥利奥饼干80克，无盐黄油（热熔）40克；**蛋糕体**：奶油芝士200克，细砂糖40克，鸡蛋50克，酸奶油100克，柳橙果粒酱15克，牛奶少许，玉米淀粉15克；**装饰**：酸奶油100克，糖粉20克，新鲜蓝莓适量

👨‍🍳 做 法

1　将奥利奥饼干碾碎，加入熔化的无盐黄油，拌匀后倒入模具中，压实，放入冰箱冷冻定型。

2　将奶油芝士和细砂糖倒入搅拌盆中打至顺滑。

3　加入牛奶、酸奶油和柳橙果粒酱，搅拌均匀。

4　倒入鸡蛋、玉米淀粉拌匀，制成蛋糕糊。

5　将蛋糕糊倒入装有饼干底的模具中，放入预热至160℃的烤箱中，烘烤约50分钟，再转用180℃烘烤10分钟。

6　将装饰材料的酸奶油和糖粉混合均匀。

7　将烤好的蛋糕取出稍放凉，脱模，放入装饰材料（除蓝莓外），再放入烤箱中，以180℃烘烤约10分钟。

8　烤好的蛋糕在烤箱内放至温热后再取出放凉，最后放上新鲜蓝莓装饰。

> **烘焙妙招**
> 也可用其他新鲜水果装饰。

什锦果干芝士蛋糕

🕐 烘焙：35分钟　🍲 难易度：★★☆

📋 材 料

什锦果干70克，核桃仁30克，白兰地80毫升，奶油芝士125克，无盐黄油50克，细砂糖50克，鸡蛋75克，牛奶30毫升，低筋面粉120克，泡打粉2克，盐1克

👨‍🍳 做 法

1　将什锦果干洗净，用白兰地浸泡一夜。

2　将室温软化的奶油芝士倒入搅拌盆中，加入细砂糖，搅打均匀。

3　加入室温软化的无盐黄油拌至无颗粒状态。

4　筛入低筋面粉及泡打粉，用橡皮刮刀搅拌均匀。

5　分两次倒入鸡蛋，搅拌均匀。

6　加入盐、牛奶，搅拌均匀。

7　加入浸泡后的什锦果干及核桃仁，搅拌均匀，制成蛋糕糊。

8　在中空咕咕霍夫模具内部涂抹一层无盐黄油，将蛋糕糊倒入其中，放进预热至170℃的烤箱中烘烤约35分钟，待其表面金黄后取出，放凉脱模即可。

> **烘焙妙招**
> 果干最好用白兰地浸泡一夜再使用，更入味。

芝士夹心小蛋糕

🕐 烘焙：15分钟　　🍲 难易度：★★☆

🍱 材 料

蛋糕糊：蛋黄50克，细砂糖30克，植物油15克，牛奶15毫升，柠檬汁5毫升，低筋面粉50克，泡打粉2克，蛋白50克；**夹馅：**细砂糖10克，奶油芝士80克，柠檬汁7毫升，柠檬皮碎3克，朗姆酒5毫升

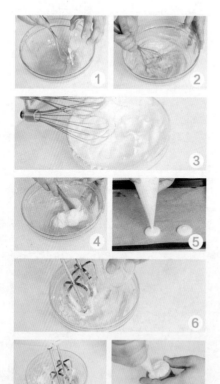

👨‍🍳 做 法

1　将蛋黄、10克细砂糖、植物油、牛奶拌匀。

2　筛入低筋面粉及泡打粉，搅拌均匀。

3　将蛋白及20克细砂糖打发，至可提起鹰嘴状，倒入5毫升柠檬汁，搅拌均匀，制成蛋白霜。

4　将蛋白霜倒入蛋黄面糊中拌匀，制成蛋糕糊，装入裱花袋中。

5　在铺好油纸的烤盘上间隔挤出直径约3厘米的小圆饼，放入预热至175℃的烤箱中，烤约15分钟。

6　将奶油芝士、10克细砂糖搅打至顺滑。

7　倒入柠檬汁7毫升、朗姆酒以及柠檬皮碎，搅拌均匀，制成夹馅，装入裱花袋中。

8　取出烤好的蛋糕，放凉，在其中一个蛋糕平面挤上一层夹馅，再盖上另一个蛋糕。

> **烘焙妙招**
> 奶油芝士需要先室温软化。

轻软芝士蛋糕

⏱ 烘焙：30分钟　🍲 难易度：★★☆

🍱 **材 料**

芝士糊： 奶油奶酪125克，牛奶130毫升，蛋黄3个，糖粉40克，低筋面粉15克，玉米淀粉15克，**蛋白霜：** 糖粉40克，蛋白3个；**装饰：** 镜面果胶适量

👨‍🍳 **做 法**

1　将奶油奶酪放入搅拌盆中，用软刮拌匀。

2　分次加入牛奶，搅拌均匀。

3　筛入低筋面粉、玉米淀粉、40克糖粉拌匀。

4　倒入蛋黄，搅拌均匀，制成芝士糊。

5　将蛋白及40克糖粉倒入搅拌盆中，用电动打蛋器打发，制成蛋白霜。

6　将蛋白霜分次倒入步骤4的芝士糊中，搅拌均匀，制成蛋糕糊。

7　模具内部垫上油纸，将蛋糕糊倒入模具中，在模具底部包好锡纸，放进预热至170℃的烤箱中，在烤盘中加水，烘烤30分钟。

8　烤好后，取出蛋糕，在蛋糕表面刷上镜面果胶，待凉脱模即可。

烘焙妙招

烤盘中加入的水最好是热水。

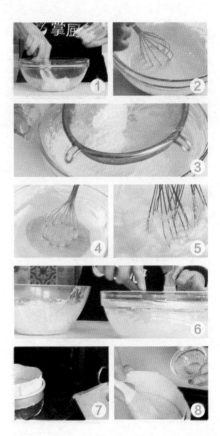

焦糖芝士蛋糕

⏱ 烘焙：30分钟　🍲 难易度：★★★

📦 材料

饼干底：消化饼干80克，有盐黄油30克；**焦糖酱**：细砂糖40克，水10毫升，淡奶油50克；**芝士糊**：奶油奶酪180克，细砂糖30克，蛋黄30克，鸡蛋1个，淡奶油50克，粟粉30克，朗姆酒5毫升

👨‍🍳 做 法

1　将消化饼干敲碎，倒入有盐黄油拌成饼干底，倒入蛋糕模中压平，放入冰箱冷冻30分钟。

2　将水和40克细砂糖倒入锅中，煮至黏稠状，倒入淡奶油50克，搅拌均匀，制成焦糖酱。

3　将奶油奶酪及30克细砂糖搅拌均匀。

4　倒入蛋黄，搅拌均匀。

5　倒入鸡蛋，搅拌均匀。

6　将焦糖酱倒入，边倒入边搅拌。

7　倒入朗姆酒及50克淡奶油，搅拌均匀，再筛入粟粉搅拌均匀，制成芝士糊。

8　将芝士糊倒入装有饼干底的模具中，抹平表面，放进预热至180℃烤箱中烘烤30分钟，取出后在桌面震动几下，脱模即可。

> **烘焙妙招**
> 每次倒入一种材料就搅拌均匀，可使蛋糕糊更细腻。

巧克力法式馅饼

⏱ 烘焙：20～25分钟　　🍲 难易度：★★☆

📋 材料

黄油70克，低筋面粉140克，糖粉70克，鸡蛋30克，盐1克，腰果50克，黑巧克力酱80克，全蛋液适量

👨‍🍳 做法

1. 将糖粉和黄油（留少许）倒入碗中搅拌均匀，加入鸡蛋、盐、低筋面粉继续搅拌。

2. 把腰果倒入黑巧克力酱中用勺子拌匀。取一小块面糊拍成圆形，加入巧克力馅包好，再将其压入刷了黄油的模具中。

3. 做好所有的馅饼后，在表面刷上一层全蛋液，并将模具放在烤盘上。

4. 将烤盘放入以上火180℃、下火160℃预热好的烤箱中，烘烤20～25分钟后取出即可。

⏱ 烘焙：45～50分钟　　🍲 难易度：★★☆

方块巧克力糕

📋 材料

戚风蛋糕预拌粉250克，鸡蛋5个，水50毫升，植物油50毫升，白巧克力100克，椰蓉100克

👨‍🍳 做法

1. 戚风蛋糕预拌粉、水、鸡蛋，打发至黏稠均匀状，倒入植物油拌匀，倒入模具里。

2. 以上火160℃、下火130℃预热烤箱，将蛋糕模具放入烤箱中，烤制45～50分钟。

3. 取出蛋糕，去掉模具，将蛋糕切成方块。

4. 白巧克力隔水熔化。

5. 桌子上铺油纸，放一个烤架，把蛋糕摆放在烤架上，将白巧克力倒入裱花袋中，挤在蛋糕上，再撒少许椰蓉，冷却即可。

好吃又营养

开心果含有的精氨
酸能够有效减少动
脉硬化的发生，降
低血脂，也能够减
少心脏病的发作。

CAUTION
Wild Animals

动物园鲜果蛋糕

⏱ 烘焙：25分钟　🧰 难易度：★★★

📋 材 料

蛋糕体：蛋白2个，塔塔粉1克，盐1克，砂糖50克，蛋黄2个，色拉油30毫升，水35毫升，粟粉7克，低筋面粉36克，泡打粉2克，香草精适量；**装饰**：淡奶油200克，糖粉10克，水果适量

👨‍🍳 做 法

1 将水和色拉油搅拌均匀。

2 筛入粟粉、低筋面粉、泡打粉，搅拌均匀。

3 倒入蛋黄，搅拌均匀。

4 倒入香草精，拌匀。

5 取一新盆，倒入蛋白、塔塔粉及盐，搅拌均匀。

6 加入砂糖，搅拌至可提起鹰钩状，制成蛋白霜。

7 搅拌均匀后，取三分之一蛋白霜加入到淡黄色面糊中，搅拌均匀。

8 拌好后，再倒入到剩余的蛋白霜中，搅拌均匀。

9 将面糊倒入蛋糕模中。

10 烤箱以上火170℃、下火150℃预热，蛋糕放入烤箱，烤约25分钟。

11 淡奶油加糖粉打发。

12 将奶油抹匀在蛋糕体表面，取少量奶油装入裱花袋，在蛋糕上表面挤出一个圆圈。

13 最后装点上新鲜水果，插上动物小旗即可。

烘焙妙招

将蛋糕糊倒入模具时，盆需距离模具30厘米左右。

伯爵茶巧克力蛋糕

🕐 烘焙：15~18分钟　　🍲 难易度：★★☆

📋 材料

低筋面粉90克，杏仁粉60克，细砂糖90克，葡萄糖浆30克，盐0.5克，泡打粉2克，鸡蛋3个，无盐黄油130克，伯爵茶包2包，朗姆酒10毫升，黑巧克力60克，防潮可可粉适量，防潮糖粉适量

👨‍🍳 做法

1　将鸡蛋、细砂糖、葡萄糖浆及盐搅拌均匀。

2　筛入低筋面粉、杏仁粉及泡打粉，搅拌均匀。

3　加入伯爵红茶粉末及朗姆酒，搅拌均匀。

4　无盐黄油隔水加热熔化，取少量涂抹在模具内层。

5　剩余的无盐黄油倒入步骤3的混合物中搅拌均匀，制成蛋糕糊。

6　将蛋糕糊装入裱花袋，拧紧裱花袋口。

7　将蛋糕糊挤入模具中，至七分满。

8　放进预热至165℃的烤箱中，烘烤15~18分钟。

9　烤好后，取出蛋糕，放凉，脱模。

10　黑巧克力隔水加热熔化，挤在蛋糕中间，再撒上防潮可可粉及防潮糖粉即可。

> **烘焙妙招**
> 将蛋糕糊在模具中挤至七分满即可。

大豆黑巧克力蛋糕

⏱ 烘焙：45分钟　🍳 难易度：★★☆

🍯 材料

蛋糕糊：水发黄豆150克，清水20毫升，枫糖浆70克，黑巧克力100克，可可粉15克，柠檬汁15毫升，泡打粉2克，苏打粉1克；**装饰：**薄荷叶少许，红枣（对半切开）适量

👨‍🍳 做法

1　将水发黄豆倒入搅拌机中，用搅拌机搅打成泥。

2　倒入清水、枫糖浆，再次用搅拌机搅打均匀，倒入搅拌盆中。

3　将黑巧克力切成小块后装入碗中，再隔水熔化，制成巧克力液。

4　将巧克力液倒入步骤2中的搅拌盆里。

5　倒入可可粉，翻拌至无干粉的状态。

6　倒入柠檬汁、泡打粉、苏打粉，搅拌均匀，即成蛋糕糊。

7　将蛋糕糊倒入铺有油纸的蛋糕模中至七分满。

8　将蛋糕模放入已预热至180℃的烤箱中层，烘烤约45分钟，取出放凉脱模，装饰上薄荷叶和红枣即可。

> **烘焙妙招**
> 熔化黑巧克力的水温最好在55℃左右。

南瓜巧克力蛋糕

⏱ 烘焙：20分钟　🍲 难易度：★☆☆

📋 材料

熟南瓜350克，低筋面粉45克，巧克力豆120克，蜂蜜60克，可可粉15克，泡打粉1克

👨‍🍳 做法

1 将熟南瓜倒入搅拌盆，用电动打蛋器搅打成泥，倒入巧克力豆，继续搅打均匀，倒入蜂蜜，用手动打蛋器搅拌均匀。

2 将低筋面粉、可可粉、泡打粉过筛至搅拌盆中，用手动打蛋器搅拌均匀，制成蛋糕糊，倒入铺有油纸的蛋糕模具内。

3 将蛋糕模放入已预热180℃的烤箱中层，烤约20分钟，取出，脱模即可。

速成布朗尼蛋糕

⏱ 烘焙：35分钟　🍲 难易度：★★☆

📋 材料

布朗尼蛋糕预拌粉210克，白砂糖210克，鸡蛋4个，黄油160克，核桃仁75克，黑巧克力150克

👨‍🍳 做法

1 将黑巧克力隔热水熔化。

2 烤箱预热，将核桃仁放入其中，将上、下火调至160℃，烤5分钟，取出。

3 白砂糖加入黄油搅拌均匀，分4次打入4个鸡蛋，加入布朗尼蛋糕预拌粉、融化的黑巧克力、核桃仁，搅拌均匀，倒入模具中。

4 将蛋糕模具放入预热好的烤箱中，将上火调至140℃，下火调至160℃，烤35分钟，将烤好的蛋糕取出，脱模即可。

烘焙妙招

巧克力软心不可注入太多，包裹边缘的蛋糕体挤厚一些，防止爆浆。蛋糕烤好后最好放置30秒再脱模，否则容易裂开。

巧克力心太软

🕐 烘焙：16分钟　🍲 难易度：★★★

📖 材 料

巧克力软心：64%黑巧克力60克，无盐黄油20克，淡奶油30克，鲜奶40毫升，朗姆酒5毫升；**蛋糕**：64%黑巧克力90克，无盐黄油85克，白砂糖20克，鸡蛋1个，低筋面粉70克，泡打粉2克；**装饰**：糖粉适量

👨‍🍳 做 法

1 黑巧克力隔水熔化，倒入室温软化的无盐黄油。

2 搅拌均匀至两者完全融合。

3 倒入鲜奶搅拌均匀。

4 加入淡奶油、朗姆酒拌匀，即成巧克力软心，装入裱花袋。

5 面粉、泡打粉、白砂糖混合。

6 倒入无盐黄油，搅拌均匀。

7 打入鸡蛋搅匀。

8 倒入隔水熔化的黑巧克力酱，拌成蛋糕糊，装入裱花袋。

9 蛋糕糊挤在模具底部和四周。

10 蛋糕中间挤上巧克力软心。

11 再挤上巧克力蛋糕糊封口。

12 烤箱上、下火160℃预热，放入模具，烤16分钟，取出撒上糖粉装饰即可。

大理石磅蛋糕

🕐 烘焙：25~30分钟　🍲 难易度：★★★

📖 材料

材料A：无盐黄油120克，细砂糖60克，鸡蛋100克；**材料B**：低筋面粉40克，泡打粉1克；**材料C**：低筋面粉35克，可可粉5克，泡打粉1克；**材料D**：低筋面粉35克，抹茶粉5克，泡打粉1克

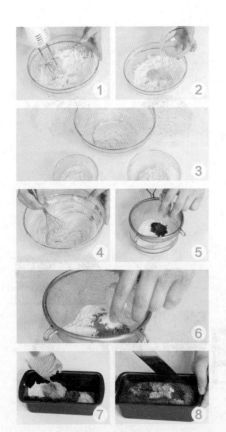

👨‍🍳 做法

1　将室温软化的无盐黄油倒入搅拌盆中，加入细砂糖，拌匀，再用电动打蛋器将其打发。

2　分两次加入鸡蛋，搅拌均匀。

3　将混合物分成三份。

4　一份筛入40克低筋面粉及1克泡打粉，搅拌均匀，制成原味蛋糕糊。

5　一份筛入35克低筋面粉、1克泡打粉及可可粉，搅拌均匀，制成可可蛋糕糊。

6　最后一份筛入35克低筋面粉、1克泡打粉及抹茶粉，搅拌均匀，制成抹茶蛋糕糊。

7　将所有蛋糕糊依次倒入铺好油纸的模具中抹匀。

8　放入预热至180℃的烤箱中烘烤25~30分钟，待蛋糕体积膨大，取出放凉，脱模即可。

烘焙妙招　🍴

面糊倒入模具后适当搅拌就好，过度搅拌就没有纹路。

蔓越莓天使蛋糕

🕐 烘焙：60分钟　　🍲 难易度：★★☆

📋 材料

原味酸奶120毫升，植物油40毫升，香草精2克，低筋面粉95克，蛋白100克，细砂糖75克，蔓越莓干60克

👨‍🍳 做法

1　将植物油及原味酸奶倒入搅拌盆中，搅拌均匀。

2　筛入低筋面粉，搅拌均匀。

3　倒入香草精，搅拌均匀。

4　取一新的搅拌盆，倒入蛋白及细砂糖，用电动打蛋器快速打发，至可提起鹰嘴状，制成蛋白霜。

5　将蛋白霜加入步骤3的混合物中，搅拌均匀。

6　加入蔓越莓干，搅拌均匀，制成蛋糕糊。

7　将蛋糕糊倒入中空咕咕霍夫模具中，震动几下。

8　放入预热至160℃的烤箱中，烘烤约60分钟，取出放凉，用抹刀分离蛋糕与模具边缘，脱模即可。

烘焙妙招

分3次将蛋白霜加入面糊中，可使蛋糕更细腻。

玉米培根蛋糕

⏱ 烘焙：20分钟　🍲 难易度：★★☆

📋 **材料**

中筋面粉70克，玉米粉70克，泡打粉、盐各2克，细砂糖、玉米粒各20克，淡奶油125克，蜂蜜25克，鸡蛋、培根各50克，植物油25毫升

👨‍🍳 **做法**

1　将鸡蛋倒入搅拌盆中，打散，倒入蜂蜜，搅拌均匀，倒入植物油和淡奶油，搅拌均匀。

2　筛入中筋面粉、泡打粉及玉米粉，用橡皮刮刀搅拌均匀，倒入盐及细砂糖，继续搅拌均匀。

3　培根切成碎末，与玉米粒一起倒入步骤4的混合物中，搅拌均匀，制成蛋糕糊。

4　将蛋糕糊倒入模具中，抹平，放进预热至180℃的烤箱中，烘烤约20分钟即可。

糯米蛋糕

⏱ 烘焙：60分钟　🍲 难易度：★★☆

📋 **材料**

蔓越莓干30克，核桃30克，杏仁30克，鸡蛋1个，细砂糖65克，盐1克，糯米粉300克，泡打粉1克，牛奶230毫升，淡奶油50克，杏仁片10克

👨‍🍳 **做法**

1　将鸡蛋及盐倒入搅拌盆中，搅拌均匀，倒入细砂糖，搅拌均匀，倒入淡奶油及牛奶，搅拌均匀。

2　筛入糯米粉及泡打粉，搅拌均匀，倒入核桃、蔓越莓干，搅拌均匀，制成蛋糕糊，倒入模具中，抹平，放上杏仁和杏仁片。

3　放进预热至170℃的烤箱中，烘烤约60分钟，烤好后取出放凉，脱模即可。

猫爪小蛋糕

🕐 烘焙：20分钟　🍲 难易度：★☆☆

🥛 材 料

鸡蛋4个，细砂糖90克，低筋面粉140克，泡打粉4克，可可粉5克，无盐黄油
70克

👨‍🍳 做 法

1　无盐黄油隔水熔化，待用。

2　在搅拌盆中倒入鸡蛋，打散。

3　边搅拌边加入细砂糖，搅拌
　　至无颗粒状。

4　倒入过筛的低筋面粉。

5　加入泡打粉。

6　倒入可可粉，搅拌均匀，呈
　　棕色面糊状。

7　倒入熔化的无盐黄油，搅拌均
　　匀，使面糊呈现光滑状态。

8　用保鲜膜封起，静置半小时。

9　将面糊装入裱花袋中。

10 将面糊垂直挤入模具中。

11 烤箱以上、下火180℃预热，
　　将蛋糕放入烤箱中层，烤约
　　20分钟。

12 待其冷却，脱模即可。

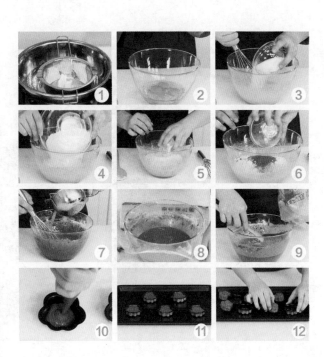

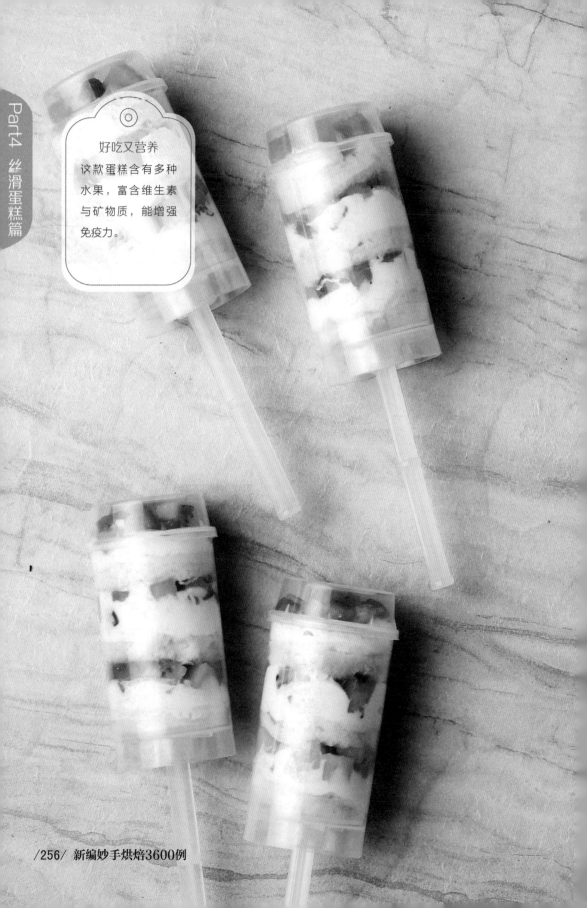

好吃又营养

这款蛋糕含有多种水果，富含维生素与矿物质，能增强免疫力。

推推乐

⏱ 烘焙：50分钟　🍲 难易度：★★★

📦 材料

鸡蛋5个，低筋面粉90克，细砂糖66克，玉米油46毫升，柠檬汁3毫升，动物性淡奶油250克，水46毫升，糖粉10克，水果适量（猕猴桃、草莓、芒果等）

👨‍🍳 做法

1. 将鸡蛋蛋白和蛋黄分离后，将蛋白放到冰箱冷藏。

2. 将低筋面粉过筛两遍。

3. 在蛋黄里加入26克细砂糖搅匀，加入玉米油、水拌匀。

4. 加入低筋面粉拌匀。

5. 将蛋白打发至发泡时滴入柠檬汁，分3次加入40克细砂糖，打至硬性发泡。

6. 取1/3蛋白加入蛋黄糊里拌匀。

7. 再倒回剩下的蛋白中拌匀。

8. 将面糊倒入模具中，放入预热至150℃的烤箱中，烤50分钟。

9. 烤好后取出戚风蛋糕，将其倒扣脱模。

10. 待戚风蛋糕冷却，用锯齿刀把戚风蛋糕横切成片。

11. 将动物性淡奶油加糖粉打发，装入裱花袋。

12. 用推推乐模具在切好的蛋糕片上印出蛋糕圆片。

13. 猕猴桃、草莓、芒果切块。

14. 按一层蛋糕片、一层奶油、一层水果填入模具中即可。

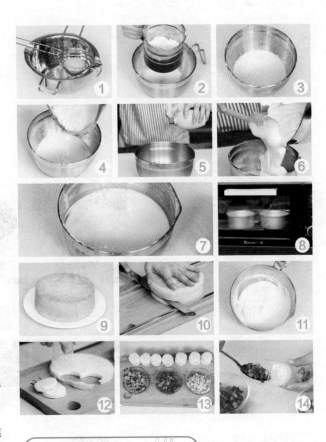

烘焙妙招
做好后最好放入冰箱冷藏，防止鲜果变质。

烘焙妙招

巧克力可切碎后再隔水加热，可加速熔化。

扫一扫学烘焙

棉花糖布朗尼

⏱ 烘焙：20分钟　　🍲 难易度：★★☆

🍯 材 料

巧克力150克，无盐黄油150克，细砂糖65克，鸡蛋3个，低筋面粉100克，香草精适量，棉花糖70克，核桃仁50克

👨‍🍳 做 法

1 无盐黄油和巧克力倒入搅拌盆中，隔水熔化。

2 搅拌均匀，待用。

3 取一新的搅拌盆，倒入鸡蛋打散。

4 边搅拌边倒入细砂糖。

5 倒入香草精，搅拌均匀。

6 倒入熔化的无盐黄油和巧克力，搅拌均匀。

7 筛入低筋面粉，搅拌至无颗粒状，制成巧克力色蛋糕糊。

8 倒入核桃仁，搅拌均匀。

9 倒入15厘米×15厘米活底方形蛋糕模。

10 在上面均匀摆放上棉花糖。

11 烤箱以上、下火180℃预热，放入蛋糕，烤20分钟，取出。

12 脱模，切分成三份即可。

柠檬雷明顿

🕐 烘焙：18分钟　🍱 难易度：★★☆

📖 材料

鸡蛋125克，柠檬汁15毫升，砂糖75克，盐2克，低筋面粉65克，泡打粉2克，炼奶12克，无盐黄油25克，吉利丁片4克，饮用水130毫升，黄色色素2滴，椰蓉适量

👨‍🍳 做法

1 将鸡蛋、柠檬汁、盐放入搅拌盆，用电动打蛋器搅拌均匀。

2 分3次边搅拌边加入55克砂糖。

3 将无盐黄油、炼奶和10克饮用水隔水加热煮溶，搅拌均匀。

4 拌均匀后，倒入蛋液混合物中，搅拌均匀。

5 倒入低筋面粉及泡打粉，用塑料刮刀搅拌均匀，制成蛋糕糊，倒入方形活底戚风模具，抹平。

6 以上火180℃、下火160℃预热，放入烤箱中层，烤约10分钟，至蛋糕上色，将温度调至上、下火150℃，烤约8分钟。

7 待其冷却，脱模，切去边缘部分，再切成小方块状，待用。

8 吉利丁片放入120克温热的饮用水中泡软，搅拌至熔化。

9 加入20克砂糖及黄色色素搅拌均匀。

10 蛋糕方块均匀沾取黄色混合物，放入椰蓉中，表面均匀裹上椰蓉即可。

烘焙妙招

将蛋糕体碎捏成圆球状时，需稍用力捏紧，否则在插入棒棒糖棍子时容易散开。将蛋糕体撕小块一些也有助于蛋糕球成团。

蛋糕球棒棒糖

🕐 烘焙：15分钟　　🍲 难易度：★★★

🥣 材料

装饰：黑巧克力、花生碎、彩色糖果、棒棒糖棍子各适量；**蛋白霜**：蛋白3个，细砂糖30克；**蛋糕体材料**：植物油18克，蛋黄3个，细砂糖12克，鲜奶30克，低筋面粉54克，奶油芝士36克

🧑‍🍳 做法

1 鲜奶、植物油、细砂糖、低筋面粉搅拌均匀。

2 加入蛋黄，搅打均匀。

3 蛋白加细砂糖，打发成蛋白霜。

4 将三分之一蛋白霜加入到蛋黄混合物中，搅拌均匀。

5 倒回剩余的蛋白霜中，拌匀。

6 倒入烤盘中，抹平。

7 烤箱以上、下火160℃预热，蛋糕放入烤箱，烤约15分钟。

8 取出，脱模，捏碎。

9 放入奶油芝士，揉至呈面团状。

10 分成每个25克蛋糕球，插上棒棒糖棍子，冷藏定型。

11 黑巧克力隔水加热成巧克力酱。

12 将蛋糕球沾取巧克力，再分别撒上花生碎、彩色糖果即可。

胡萝卜豆腐蛋糕

⏱ 烘焙：35分钟　🍲 难易度：★★★

📖 材料

蛋糕糊：芥花籽油40毫升，枫糖浆40克，豆浆75毫升，盐1克，胡萝卜丝90克，全麦面粉70克，泡打粉1克，苏打粉0.5克；**内馅：**豆腐300克，枫糖浆30克，柠檬汁10毫升，柠檬皮碎5克

👨‍🍳 做法

1 将芥花籽油、枫糖浆、豆浆、盐倒入搅拌盆中，用手动打蛋器搅拌均匀。

2 倒入胡萝卜丝，搅拌均匀。

3 筛入全麦面粉、泡打粉、苏打粉，翻拌至无干粉的状态，制成蛋糕糊。

4 将蛋糕糊倒入6寸中空烟囱模具中，轻轻震几下，再用橡皮刮刀将表面抹平整。

5 将模具放入已预热至180℃的烤箱中层，烤约35分钟，取出，放凉，脱模。

6 将脱模的蛋糕放在转盘上，用齿刀切成厚薄一致的两片蛋糕片。

7 豆腐倒入搅拌盆中，用电动打蛋器搅打成泥，倒入枫糖浆、柠檬皮碎、柠檬汁，搅拌均匀，制成蛋糕馅。

8 将适量蛋糕馅抹在其中一片蛋糕片上，盖上另一片蛋糕片，将剩余蛋糕馅均匀涂抹在蛋糕表面，抹均匀即可。

香橙磅蛋糕

⏱ 烘焙：35分钟　🍲 难易度：★☆☆

🥣 材料

芥花籽油30毫升，蜂蜜50克，盐0.5克，柠檬汁7毫升，香橙汁80毫升，低筋面粉70克，淀粉15克，泡打粉1克，热带水果干20克

👨‍🍳 做法

1　将芥花籽油、蜂蜜倒入搅拌盆中，用手动打蛋器搅拌均匀，倒入盐、柠檬汁、香橙汁，搅拌均匀。

2　将低筋面粉、淀粉、泡打粉过筛至搅拌盆里，搅拌至无干粉的状态，倒入热带水果干，搅拌均匀，制成蛋糕糊。

3　取蛋糕模具，倒入蛋糕糊，放入已预热至180℃的烤箱中层，烤约35分钟，取出，脱模后切块装盘即可。

玉米蛋糕

⏱ 烘焙：40分钟　🍲 难易度：★★☆

🥣 材料

蛋糕糊： 低筋面粉120克，玉米汁140毫升，蜂蜜20克，玉米粉15克，芥花籽油25毫升，泡打粉1克，苏打粉1克，盐1克；**玉米面碎：** 芥花籽油10毫升，藻糖1克，玉米粉10克，低筋面粉25克

👨‍🍳 做法

1　将藻糖、芥花籽油、玉米粉、低筋面粉，拌匀，用叉子分散，制成玉米面碎。

2　将蜂蜜、芥花籽油、盐、玉米汁、玉米粉、泡打粉、苏打粉、低筋面粉，拌成蛋糕糊，倒入模具，用擦网将玉米面碎擦成丝铺在蛋糕糊上，放入预热至180℃的烤箱中，烤约40分钟，取出，脱模即可。

无糖椰枣蛋糕

⏱ 烘焙：35分钟　🍲 难易度：★★☆

🥫 材料

芥花籽油30毫升，椰浆30毫升，南瓜汁200毫升，盐0.5克，低筋面粉160克，泡打粉2克，苏打粉2克，干红枣（去核）10克，碧根果仁15克

👨‍🍳 做法

1　将芥花籽油、椰浆倒入搅拌盆中，用手动打蛋器搅拌均匀。

2　倒入南瓜汁、盐，搅拌均匀。

3　将低筋面粉、泡打粉、苏打粉过筛至搅拌盆中。

4　搅拌至无干粉的状态，制成蛋糕糊。

5　将蛋糕糊倒入铺有油纸的蛋糕模中。

6　铺上干红枣，撒上捏碎的碧根果仁。

7　将蛋糕模放在烤盘上，再移入已预热至180℃的烤箱中层，烤约35分钟。

8　取出烤好的无糖椰枣蛋糕，脱模后装盘即可。

> **烘焙妙招**
> 碧根果仁不捏碎，直接加入也别有风味。

樱桃燕麦蛋糕

🕐 烘焙：35分钟　　🍲 难易度：★★☆

📋 材料

蛋糕糊： 蜂蜜30克，芥花籽油15毫升，柠檬汁3毫升，樱桃汁140毫升，全麦粉100克，低筋面粉50克，泡打粉3克，苏打粉2克，樱桃（去核切半）15克；**燕麦面碎：** 蜂蜜10克，芥花籽油15毫升，低筋面粉40克，燕麦片5克

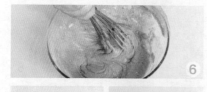

👨‍🍳 做法

1 将10克蜂蜜、15毫升芥花籽油倒入搅拌盆中，用叉子搅拌均匀。

2 倒入40克低筋面粉，搅拌至无干粉的状态。

3 倒入燕麦片，搅拌均匀，制成燕麦面碎。

4 另取一个搅拌盆，倒入30克蜂蜜、15毫升芥花籽油、柠檬汁，搅拌均匀。

5 搅拌盆中再倒入樱桃汁，搅拌均匀。

6 筛入全麦粉、50克低筋面粉、泡打粉、苏打粉，搅拌成无干粉的面糊，即成蛋糕糊。

7 将蛋糕糊倒入铺有油纸的蛋糕模中，蛋糕糊上铺上一层燕麦面碎，再放上樱桃。

8 将蛋糕模放在烤盘上，再移入已预热至180℃的烤箱中，烤约35分钟即可。

烘焙妙招

烤盘放在烤箱中层为佳。

玛德琳蛋糕

⏱ 烘焙：16分钟　　📷 难易度：★☆☆

🗂 材 料

无盐黄油100克，低筋面粉100克，泡打粉3克，鸡蛋2个，细砂糖60克，柠檬1颗

👨‍🍳 做 法

1 在搅拌盆内打入鸡蛋。

2 加入细砂糖，用电动打蛋器搅拌均匀。

3 加入室温软化的无盐黄油（留少许），搅打均匀。

4 削取一个柠檬的柠檬皮（注意不要削太厚），将柠檬皮切成末状，倒入搅拌盆。

5 筛入低筋面粉和泡打粉，搅拌至无颗粒面糊状。

6 在玛德琳模具表面刷上一层无盐黄油。

7 用裱花袋将面糊垂直挤入玛德琳模具中。

8 烤箱以上火170℃、下火160℃预热，蛋糕放入烤箱中层，烤10分钟，将烤盘转向，再烤约6分钟即可。

烘焙妙招

冷藏的鸡蛋要放在室温下3小时后再使用。

烘焙妙招

芥花籽油可以用其他食用油代替，但是最好使用无味或味道比较小的食用油种类。

抹茶玛德琳蛋糕

🕐 烘焙：20分钟　　🍲 难易度：★ ☆ ☆

🍲 材 料

芥花籽油40毫升，蜂蜜50克，清水120毫升，柠檬汁8毫升，低筋面粉128克，抹茶粉5克，泡打粉2克

🧑‍🍳 做 法

1　将芥花籽油、蜂蜜、清水倒入搅拌盆中，用手动打蛋器搅拌均匀。

2　倒入柠檬汁，搅拌均匀。

3　将低筋面粉筛入搅拌盆中。

4　再筛入抹茶粉、泡打粉。

5　搅拌成无干粉的面糊，即成蛋糕糊，装入裱花袋中。

6　用剪刀在裱花袋尖端处剪一个小口，取玛德琳模具，挤入蛋糕糊。

7　将玛德琳模具放入已预热至180℃的烤箱中，烤约20分钟。

8　取出烤好的蛋糕，放凉，脱模，装盘即可。

黑加仑玛德琳蛋糕

🕐 烘焙：20分钟　🍳 难易度：★☆☆

🫙 材料

低筋面粉70克，黑加仑浓缩液30毫升，芥花籽油40毫升，蜂蜜50克，泡打粉2克，清水30毫升，盐1克

👨‍🍳 做法

1 将芥花籽油、蜂蜜、清水倒入搅拌盆中，搅拌均匀。

2 黑加仑浓缩液倒入搅拌盆中，用手动打蛋器搅拌均匀。

3 倒入盐，拌匀。

4 将低筋面粉、泡打粉过筛至搅拌盆中，搅拌成无干粉的面糊，制成蛋糕糊。

5 将蛋糕糊装入裱花袋中。

6 用剪刀在裱花袋尖端处剪一个小口，取玛德琳蛋糕模具，挤入蛋糕糊至满。

7 将玛德琳蛋糕模具放入已预热至180℃的烤箱中层，烤约20分钟。

8 取出，脱模后装盘即可。

> **烘焙妙招** 🥄
> 挤蛋糕糊时最好垂直挤入。

红枣玛德琳蛋糕

🕐 烘焙：10分钟　🍲 难易度：★☆☆

📋 材 料

蜂蜜50克，芥花籽油40毫升，红枣汁100毫升，盐1克，低筋面粉70克，可可粉8克，泡打粉1克

👨‍🍳 做 法

1 将蜂蜜、芥花籽油倒入搅拌盆中，用手动打蛋器搅拌均匀。

2 倒入红枣汁，边倒边搅拌均匀。

3 倒入盐，搅拌均匀。

4 将低筋面粉、可可粉、泡打粉过筛至盆中，搅拌成无干粉的蛋糕糊。

5 将蛋糕糊装入裱花袋中。

6 用剪刀在裱花袋尖端处剪一个小口，取蛋糕模具，挤入蛋糕糊至满。

7 轻轻震几下，使蛋糕糊更加平整。

8 将蛋糕模具放入已预热至180℃的烤箱中层，烤约10分钟即可。

烘焙妙招
使用手动打蛋器搅拌即可，不需要用电动打蛋器。

小巧蜂蜜蛋糕

🕐 烘焙：10分钟　🍲 难易度：★☆☆

🍯 材料

鸡蛋1个，蜂蜜2大勺，柠檬汁5毫升，
松饼粉55克，无盐黄油30克

👨‍🍳 做法

1 在搅拌盆中倒入鸡蛋，用手动打蛋器打散。

2 倒入蜂蜜，搅拌均匀。

3 倒入柠檬汁，搅拌均匀。

4 倒入松饼粉，搅拌均匀。

5 将无盐黄油隔水加热至熔化，倒入步骤4的混合物中，搅拌均匀，制成蛋糕糊。

6 将蛋糕糊装入裱花袋中，在裱花袋尖端剪一个小口。

7 将蛋糕糊垂直挤入模具中，模具放到烤盘上。

8 放入预热至180℃的烤箱中，烘烤约10分钟，烤好后，取出放凉。

> **烘焙妙招**
> 裱花袋的口不要剪太大，不然不容易控制流量。

长颈鹿蛋糕卷 ⏱烘焙：14分钟 🍲难易度：★★★

🍱 材料

植物油20毫升，蛋黄3个，砂糖52克，鲜奶45毫升，低筋面粉40克，粟粉15克，可可粉15克，蛋白4个，淡奶油100克，糖粉10克

🍳 做法

1 将植物油、鲜奶、粟粉，搅拌均匀。

2 加入12克砂糖、低筋面粉、蛋黄，搅匀，分出1/3作原味面糊。

3 剩余面糊加可可粉，拌成可可面糊。

4 蛋白加40克砂糖打发。

5 分别加入可可面糊和原味面糊中拌匀，原味面糊装入裱花袋。

6 烤盘内垫上油纸，原味面糊画出长颈鹿的纹路。

7 烤箱以上、下火170℃预热，烤盘放入烤箱，烘烤2分钟。

8 取出，倒入可可面糊抹平，再次放入烤箱，烤约12分钟。

9 淡奶油加糖粉打发。

10 将烤好的蛋糕体取出，冷却。

11 将打发好的奶油抹在没有斑纹的那一面。

12 奶油抹匀后利用擀面杖将蛋糕体卷起即可。

巧克力瑞士卷

⏱ 烘焙：30分钟　🍲 难易度：★★☆

🫙 材 料

海绵蛋糕预拌粉250克，鸡蛋5个，巧克力粉8克，淡奶油100克，植物油60毫升，白砂糖、热水各适量

👨‍🍳 做 法

1 海绵蛋糕预拌粉、水、鸡蛋打发。

2 用适量的热水溶解巧克力粉，倒入打发好的面糊中，再倒入植物油，搅拌均匀。

3 烤盘中铺上油纸，倒入面糊，放入预热好的电烤箱里，上下火160℃，烤制30分钟。

4 在玻璃碗中倒入淡奶油、糖打发；桌子上铺一层油纸，把烤好的巧克力蛋糕放在上面，涂一层奶油，卷起来，放冰箱冷藏10分钟，取出瑞士卷，用刀切成圆片即可。

抹茶瑞士卷

⏱ 烘焙：30分钟　🍲 难易度：★★☆

🫙 材 料

海绵蛋糕预拌粉250克，鸡蛋5个，淡奶油100克，植物油60毫升，抹茶粉8克，白砂糖、热水适量

👨‍🍳 做 法

1 将海绵蛋糕预拌粉、热水、鸡蛋，拌匀，打发；用适量的热水溶解抹茶粉，倒入打发好的面糊中，再倒入植物油，搅拌均匀。

2 烤盘中放入油纸，倒入搅拌好的面糊，放入预热好的烤箱中，以上、下火160℃，烤制30分钟。在玻璃碗中倒入淡奶油，加入白砂糖，用打蛋器打发。

3 桌子上铺油纸，把蛋糕放在上面，涂一层奶油，卷起，冷藏10分钟，切成片即可。

烘焙妙招

涂抹奶油不要过量，否则可能使蛋糕卷难卷起。

双色毛巾卷

🕐 烘焙：16分钟　🍲 难易度：★★★

材料

蛋白7个，砂糖200克，塔塔粉3克，盐1克，柠檬汁2毫升，蛋黄3个，植物油120毫升，牛奶140毫升，粟粉50克，低筋面粉175克，香草精3滴，泡打粉3克，抹茶粉3克，已打发的淡奶油100克

做法

1　植物油、牛奶、150克砂糖，搅拌均匀。

2　倒入低筋面粉、粟粉及泡打粉，继续搅拌至无粉末状。

3　加香草精、蛋黄搅打均匀。

4　分成两份，一份加抹茶粉拌匀。

5　蛋白、盐、塔塔粉、柠檬汁、50克砂糖，打发成蛋白霜。

6　分别加入到原味面糊及抹茶面糊中，搅拌均匀。

7　分别装入裱花袋中。

8　间隔挤入铺有油纸的烤盘中，放入烤箱。

9　以上、下火160℃烤16分钟。

10　取出，待其冷却，撕下油纸。

11　在蛋糕体上面均匀抹上已打发的淡奶油。

12　将蛋糕体卷起即可。

草莓香草蛋糕卷

⏱ 烘焙：20分钟　🍳 难易度：★★★

📋 **材 料**

无盐黄油25克，鸡蛋1个，清水25毫升，盐2克，低筋面粉58克，泡打粉2克，栗粉8克，砂糖50克，香草精2滴，甜奶油150克，新鲜草莓2颗，薄荷叶适量

👨‍🍳 **做 法**

1　鸡蛋、砂糖、清水、盐，搅拌均匀。

2　筛入低筋面粉、泡打粉及栗粉，搅拌均匀。

3　无盐黄油隔水加热熔化，再倒入面粉混合物中，搅拌均匀。

4　加入两滴香草精，继续搅拌均匀。

5　烤盘中铺上油纸，倒入面糊；烤箱以上火170℃、下火160℃预热，蛋糕放入烤箱中层，烤约20分钟，取出后倒扣，待其冷却。

6　甜奶油打发，均匀抹在蛋糕的上表面。

7　借助擀面杖将蛋糕卷起，呈圆柱状。

8　切去两端不平整处，将蛋糕卷平均分成三份。

9　以"Z"字形在表面挤上打发甜奶油。

10 装饰上新鲜草莓粒和薄荷叶即可。

烘焙妙招

蛋糕表面的奶油尽量挤在蛋糕体中间，否则水果易掉。

樱桃奶油蛋糕

🕐 烘焙：23分钟　　🍲 难易度：★★☆

🧂 材 料

蛋糕糊： 蛋黄75克，细砂糖25克，低筋面粉60克，杏仁粉30克，可可粉15克，盐1克，牛奶15毫升，泡打粉1克；**蛋白霜：** 蛋白90克，细砂糖35克；**装饰：** 淡奶油100克，细砂糖15克，樱桃适量

👨‍🍳 做 法

1　将蛋黄和牛奶倒入搅拌盆中，搅拌均匀。

2　倒入盐及25克细砂糖，搅拌均匀。

3　筛入可可粉、低筋面粉、泡打粉及杏仁粉，用橡皮刮刀搅拌均匀。

4　将蛋白和35克细砂糖打发，制成蛋白霜。

5　将蛋白霜倒入面粉混合物中，搅拌均匀，制成蛋糕糊，装入裱花袋中。

6　将蛋糕糊挤入玛芬模具中，放入预热至165℃的烤箱中，烘烤约23分钟。

7　将淡奶油及15克细砂糖倒入搅拌盆中，快速打发，至可提起鹰嘴状，装入裱花袋中。

8　取出烤好的蛋糕放凉脱模，挤上奶油，最后放上樱桃作为装饰即可。

> **烘焙妙招**
> 蛋白霜最好分三次倒入蛋糕糊中搅拌，使面糊更细腻。

抹茶红豆杯子蛋糕

⏱ 烘焙：13分钟　　🍯 难易度：★★☆

🥣 材料

蛋糕糊： 无盐黄油100克，糖粉100克，玉米糖浆30克，鸡蛋2个，低筋面粉90克，杏仁粉20克，泡打粉2克，抹茶粉5克，红豆粒50克，淡奶油40克；**装饰：** 无盐黄油180克，糖粉160克，牛奶15毫升，抹茶粉适量，红豆粒适量

👨‍🍳 做法

1　将100克无盐黄油及100克糖粉放入搅拌盆中，搅拌均匀。

2　分次倒入鸡蛋搅拌，倒入淡奶油，继续搅拌。

3　倒入玉米糖浆及50克红豆粒，搅拌均匀。

4　筛入低筋面粉、泡打粉、杏仁粉及5克抹茶粉，搅拌均匀，制成蛋糕糊，装入裱花袋。

5　将蛋糕糊垂直挤入蛋糕纸杯中，放进预热至170℃的烤箱中烘烤约13分钟，取出放凉。

6　将180克无盐黄油及160克糖粉倒入新的搅拌盆中，搅打至完全融合。

7　筛入适量抹茶粉，继续搅拌。

8　倒入牛奶，搅拌均匀，装入裱花袋，挤在蛋糕体上，再放上红豆粒装饰即可。

> **烘焙妙招**
> 鸡蛋分两次放入盆中搅拌，可使面糊更细腻。

烘焙妙招

若鲜奶、无盐黄油、花生酱的温度与室温一致，可无须隔水加热，搅拌均匀倒入即可。面粉过筛，可以将块状颗粒筛成细粉，使口感更细腻。

焗花生牛油蛋糕　⏱ 烘焙：16分钟　🍲 难易度：★★★

📋 材 料

蛋糕体材料：细砂糖85克，盐2克，低筋面粉100克，花生酱50克，泡打粉2克，可可粉6克，鲜奶45毫升，鸡蛋1个，无盐黄油（热熔）35克；**装饰材料**：蛋黄1个，细砂糖5克，芝士粉5克，鲜奶20毫升，淡奶油40克，坚果适量

👨‍🍳 做 法

1　细砂糖、鸡蛋、盐搅拌均匀。

2　45克鲜奶、无盐黄油、花生酱煮熔拌匀，加入混合物中拌匀。

3　低筋面粉、泡打粉及可可粉筛入到混合物中，拌均匀。

4　面糊挤入到蛋糕纸杯中。

5　以上火170℃、下火160℃，烤约16分钟，冷却。

6　20克鲜奶倒入锅中煮开。

7　倒入打散的蛋黄液中，制成蛋黄浆。

8　淡奶油加细砂糖打发。

9　芝士粉倒入蛋黄浆中拌匀。

10　分两次倒入已打发的淡奶油中，搅拌均匀。

11　装入裱花袋，以螺旋状挤在已烤好的蛋糕体表面。

12　用坚果加以装饰即可。

奶茶小蛋糕

材料

低筋面粉120克，牛奶10毫升，鸡蛋50克，红茶2克，红茶水65毫升，白砂糖70克，黄油30克

做法

1 烤箱以上火170℃、下火160℃进行预热。
2 将红茶水、白砂糖、鸡蛋、红茶、牛奶、低筋面粉、软化的黄油拌匀。
3 装入裱花袋中，挤入蛋糕纸杯中。
4 把蛋糕放进预热好的烤箱中烘烤约18分钟，烤好后将蛋糕取出即可。

蔓越莓玛芬

烘焙：25分钟　难易度：★☆☆

材料

原味玛芬预拌粉175克，水45毫升，鸡蛋1个，植物油42毫升，蔓越莓干15克

做法

1 预拌粉、水、鸡蛋、植物油，搅拌均匀。
2 蔓越莓干用剪刀剪碎，再倒入面糊中，充分搅拌均匀。
3 将面糊装入裱花袋，挤入备好的蛋糕纸杯中至七分满，并整齐地摆放在烤盘内。
4 将烤盘放入预热好的烤箱，温度为上、下火160℃，烤制25分钟，取出即可。

苹果玛芬

🕐 烘焙：25分钟　　🍳 难易度：★★☆

📋 材 料

苹果丁150克，细砂糖90克，柠檬汁5毫升，肉桂粉1克，无盐黄油95克，鸡蛋1个，低筋面粉160克，泡打粉2克，盐1克，牛奶55毫升，椰丝10克

👨‍🍳 做 法

1　将苹果丁和30克细砂糖倒入平底锅中，加热约10分钟。

2　待苹果丁变软后，加柠檬汁和肉桂粉拌匀。

3　将室温软化的无盐黄油及60克细砂糖倒入搅拌盆中，用电动打蛋器搅拌均匀。

4　加入鸡蛋，搅拌至完全融合，筛入低筋面粉、泡打粉及盐，搅拌均匀。

5　倒入牛奶及1/2苹果丁，搅拌均匀，制成蛋糕糊，装入裱花袋。

6　将蛋糕糊挤入蛋糕纸杯，至八分满。

7　在表面放上剩余的苹果丁，再撒上一些椰丝。

8　放进预热至175℃的烤箱中，烘烤约25分钟，烤好后取出放凉。

> **烘焙妙招**
> 小火加热苹果丁时需经常搅拌，以免糊锅。

奶油玛芬

⏱ 烘焙：15~18分钟　🍲 难易度：★★☆

🥣材料

低筋面粉100克，黄油65克，鸡蛋60克，细砂糖80克，动物性淡奶油40克，炼乳10克，泡打粉1/2小勺，盐适量

👨‍🍳做法

1 将黄油放入烤箱中加热至熔化，并以上火190℃、下火180℃同步进行烤箱的预热。

2 把动物性淡奶油、盐、细砂糖和炼乳倒入玻璃碗中，用电动打蛋器搅打均匀。

3 再打入鸡蛋打发，倒入熔化的黄油搅拌均匀。

4 将泡打粉倒入低筋面粉中充分拌匀。

5 将混合好的面粉倒入打发好的黄油中，用长柄刮板翻拌，直到材料完全混合均匀。

6 把面糊装入裱花袋中，再把面糊挤到置于烤盘上的纸杯中约八分满。

7 将纸杯放入预热好的烤箱中，烘烤15~18分钟，直到蛋糕完全膨胀，表面呈现金黄色。

8 烤好后把成品取出摆放在盘中即可。

烘焙妙招
植脂奶油是人造奶油，不建议使用。

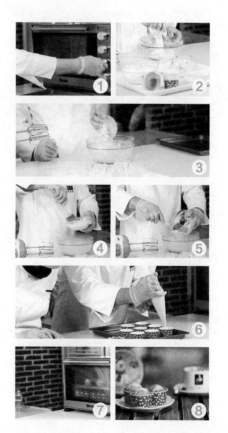

草莓芝士玛芬

🕐 烘焙：20～25分钟　🍲 难易度：★☆☆

📋 材料

奶油芝士100克，无盐黄油50克，细砂糖70克，鸡蛋100克，低筋面粉120克，泡打粉2克，浓缩柠檬汁5毫升，草莓适量

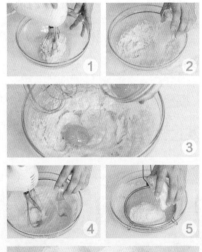

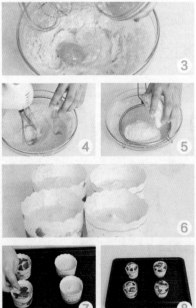

👨‍🍳 做法

1 将奶油芝士及无盐黄油倒入搅拌盆中，用电动打蛋器搅打均匀。

2 倒入细砂糖，继续搅打至蓬松羽毛状。

3 加入鸡蛋，搅拌均匀。

4 加入浓缩柠檬汁，搅拌均匀。

5 筛入低筋面粉及泡打粉，搅拌均匀，制成蛋糕糊。

6 将蛋糕糊装入裱花袋，垂直挤入到蛋糕纸杯中，至七分满。

7 在表面放上少许草莓。

8 放入预热至180℃的烤箱中，烘烤20～25分钟即可。

> **烘焙妙招**
> 鸡蛋需分两次加入，分别搅拌，面糊更细腻。

花生酱杏仁玛芬

🕐 烘焙：20分钟　🍲 难易度：★★☆

🫙材料

松饼粉200克，无盐黄油80克，细砂糖100克，鸡蛋2个，牛奶140毫升，花生酱30克，杏仁粒适量

👨‍🍳做法

1　将细砂糖及无盐黄油倒入搅拌盆中，搅拌至融合。

2　倒入花生酱，继续搅拌均匀。

3　将鸡蛋倒入步骤2的混合物中，搅拌均匀。

4　筛入松饼粉，用橡皮刮刀搅拌均匀。

5　倒入牛奶，搅拌均匀，制成蛋糕糊。

6　装入裱花袋中，用剪刀在裱花袋尖端处剪一小口。

7　在玛芬模具中放入蛋糕纸杯。

8　蛋糕糊垂直挤入蛋糕纸杯中，至八分满。

9　杏仁粒切碎，撒在蛋糕表面。

10　放入预热至170℃的烤箱中，烘烤约20分钟，至表面呈金黄色即可。

> **烘焙妙招**
> 无盐黄油食用前需室温软化。

巧克力玛芬

⏱ 烘焙：25分钟　🍲 难易度：★☆☆

🍶 材 料

巧克力玛芬预拌粉125克，水45毫升，鸡蛋1个，植物油42毫升

🍳 做 法

1. 将预拌粉、水、鸡蛋装入盆中，搅拌均匀，分两次加入植物油，分次搅拌均匀。
2. 用长柄刮板将面糊装入裱花袋，挤入备好的蛋糕纸杯中至七分满，摆放在烤盘内。
3. 将烤盘放入预热好的烤箱，温度为上、下火160℃，烤制25分钟，取出即可。

素巧克力蛋糕

⏱ 烘焙：18分钟　🍲 难易度：★★☆

🍶 材 料

低筋面粉100克，巧克力碎20克，豆浆100毫升，枫糖浆50克，芥花籽油30毫升，可可粉5克，泡打粉2克，盐1克

🍳 做 法

1. 将枫糖浆、芥花籽油、豆浆、盐拌匀。
2. 将低筋面粉、泡打粉、可可粉过筛至盆中，用橡皮刮刀翻拌成无干粉的面糊，即成蛋糕糊。
3. 取蛋糕纸杯，倒入蛋糕糊，撒上巧克力碎，放在蛋糕模具内，移入已预热至180℃的烤箱中层，烤约18分钟即可。

黑芝麻杯子蛋糕

⏱ 烘焙：13分钟　🍲 难易度：★★☆

📖 材料

蛋糕糊：低筋面粉60克，黑芝麻粉20克，无盐黄油15克，牛奶25毫升，鸡蛋100克，细砂糖50克；**装饰：**淡奶油适量，细砂糖适量，黑芝麻粉适量

👨‍🍳 做法

1 将牛奶加热至沸腾，关火，倒入无盐黄油，搅拌均匀。

2 将鸡蛋及50克细砂糖，打至发白。

3 再倒入步骤1中的混合物，搅拌均匀。

4 筛入低筋面粉和20克黑芝麻粉，拌成蛋糕糊。

5 将蛋糕糊装入裱花袋中，拧紧裱花袋口。

6 将蛋糕糊垂直挤入蛋糕纸杯中。

7 放入预热至180℃的烤箱中，烘烤约13分钟，取出。

8 将淡奶油及细砂糖倒入新的搅拌盆中，用电动打蛋器快速打发，至可提起鹰嘴状。

9 倒入黑芝麻粉，搅拌均匀，装入裱花袋中。

10 以螺旋状手法挤在杯子蛋糕的表面作为装饰。

> **烘焙妙招**
> 烤好后放凉再以奶油装饰，不然奶油会很快熔化。

奶油巧克力杯子蛋糕

⏱ 烘焙：12分钟　🍲 难易度：★★☆

📦 材 料

蛋糕糊：可可粉10克，低筋面粉60克，无盐黄油15克，牛奶25毫升，鸡蛋100克，黑糖50克；**装饰**：淡奶油适量，可可粉适量，糖粉适量

👨‍🍳 做 法

1 将鸡蛋放入搅拌盆中，打散。

2 筛入黑糖，用电动打蛋器打匀。

3 将牛奶煮至沸腾，关火，倒入无盐黄油搅拌均匀。

4 将步骤3的牛奶混合物倒入步骤2中搅拌均匀。

5 筛入低筋面粉及可可粉10克，搅拌均匀，制成蛋糕糊。

6 将蛋糕糊装入到裱花袋中，垂直挤入蛋糕纸杯中，至八分满。

7 放进预热至180℃的烤箱中，烤12分钟取出。

8 将淡奶油用电动打蛋器快速打发，加入可可粉，搅拌均匀，装入裱花袋。

9 将奶油挤在杯子蛋糕表面。

10 最后筛上糖粉，插上小猴子小旗即可。

> **烘焙妙招**
> 装饰蛋糕时，选择不同的裱花嘴，会别有趣味。

烘焙妙招

加入粉类时不可搅拌太久，过度搅拌会导致蛋糕体口感变差。

巧克力咖啡蛋糕 ⏱ 烘焙：18分钟 🍲 难易度：★★☆

🥣 材 料

蛋糕体材料：即溶咖啡粉3克，可可粉4克，鲜奶20毫升，热水20毫升，蛋黄40克，砂糖45克，植物油22毫升，咖啡酒10毫升，低筋面粉55克，蛋白80克，粟粉5克，盐2克；**装饰：**即溶咖啡粉2克，鲜奶5毫升，淡奶油100克

👨‍🍳 做 法

1 5克鲜奶和2克即溶咖啡粉拌匀。

2 淡奶油打发至可提起鹰钩状。

3 将咖啡鲜奶与淡奶油拌匀，装入裱花袋，即为装饰奶油。

4 3克即溶咖啡粉、可可粉、20克鲜奶、咖啡酒及热水拌匀。

5 蛋黄、盐、20克砂糖拌匀。

6 倒入步骤4中的混合物，搅拌均匀，加入植物油拌均匀。

7 筛入低筋面粉及粟粉，拌均匀，呈面糊状。

8 蛋白加25克砂糖打发成蛋白霜。

9 加到面糊中拌匀，装入裱花袋。

10 将蛋糕面糊挤入纸杯中。

11 烤箱以上火180℃、下火150℃预热，蛋糕放入烤箱中层，全程烤约18分钟。

12 取出，挤上装饰奶油即可。

烘焙妙招

眼镜和嘴巴也可用翻糖膏
加入黑色色素制成。

小黄人杯子蛋糕　⏱ 烘焙：20分钟　🍲 难易度：★★★

🍱 材料

蛋糕体：鸡蛋液50克，细砂糖65克，植物油50克，牛奶40毫升，低筋面
粉80克，盐1克，泡打粉1克；**装饰**：巧克力适量，翻糖膏适量，黄色色
素适量

🍬 做法

1　鸡蛋液与细砂糖搅拌均匀。

2　加盐、牛奶、植物油搅拌。

3　筛入低筋面粉及泡打粉，搅拌
　　均匀，制成淡黄色蛋糕糊。

4　装入裱花袋，挤入纸杯中。

5　烤箱以上、下火170℃预热，
　　放入蛋糕，烤约20分钟，冷却
　　后，切去高于纸杯的蛋糕体。

6　翻糖膏加入黄色色素揉匀。

7　擀平，用纸杯印出圆形，剪下。

8　放在蛋糕体上作为皮肤。

9　取新的翻糖膏，用圆形裱花
　　嘴印出小圆形，作为眼白。

10 用大的裱花嘴在黄色翻糖上
　　印出眼睛的外圈。

11 将白色翻糖膏套入黄色圈圈
　　中，作为小黄人的眼睛。

12 将巧克力装入裱花袋中，画出小黄人的眼珠、嘴巴和眼镜框即可。

猫头鹰杯子蛋糕

🕐 烘焙：20分钟　　🍳 难易度：★★★

📋 材 料

低筋面粉105克，泡打粉3克，无盐黄油80克，细砂糖70克，盐2克，蛋液50克，酸奶85毫升，黑巧克力100克，奥利奥饼干6块，巧克力豆适量

👨‍🍳 做 法

1 将无盐黄油打散，加入细砂糖和盐打至发白。

2 加入蛋液，搅拌均匀，倒入酸奶，拌匀。

3 筛入低筋面粉及泡打粉，拌成蛋糕面糊。

4 装入裱花袋，拧紧裱花袋口。

5 以画圈的方式将蛋糕面糊挤入纸杯至八分满。

6 烤箱以上、下火170℃预热，蛋糕放入烤箱，烤约20分钟。

7 取出，在表面均匀抹上煮熔的黑巧克力酱。

8 将每片奥利奥饼干分开，取夹心完整的那一片作为猫头鹰的眼睛。

9 用巧克力豆作为猫头鹰的眼珠及鼻子。

10 将剩余的奥利奥饼干从边缘切取适当大小，作为猫头鹰的眉毛即可。

> **烘焙妙招**
> 装饰要趁表面巧克力未干时进行。

奶油狮子造型蛋糕　🕐 烘焙：20分钟　🍲 难易度：★★★

📋 材料

蛋糕体材料： 中筋面粉120克，泡打粉3克，豆浆125毫升，细砂糖70克，盐2克，植物油35毫升，鸡蛋1个；**装饰：** 淡奶油150克，细砂糖20克，黄色色素适量，黑色色素适量

👨‍🍳 做法

1 将植物油与豆浆搅拌均匀，加入细砂糖、盐，继续拌匀。

2 筛入中筋面粉及泡打粉，搅拌均匀。

3 打入鸡蛋拌匀，即成蛋糕糊。

4 装入裱花袋中，拧紧裱花袋口。

5 将面糊挤入蛋糕纸杯。

6 烤箱以上、下火170℃预热，蛋糕放入烤箱，烤20分钟。

7 淡奶油加入20克细砂糖打发。

8 分成三份，其中二份分别滴入黄色色素和黑色色素，拌匀，装入裱花袋。

9 用竹签插入蛋糕体中间，若拔出无黏때，则蛋糕糊已烤好。

10 取出蛋糕体，将黄色奶油挤在蛋糕四周呈圈状，作为狮子的毛发。

11 用白色奶油在中间挤上狮子鼻子两旁的装饰。

12 最后用黑色奶油挤上眼睛和鼻子即可。

蓝莓果酱花篮

⏱ 烘焙：15分钟　🍳 难易度：★★☆

📖 **材料**

鸡蛋2个，鲜奶25毫升，低筋面粉50克，泡打粉1克，盐1克，炼奶10克，蓝莓果酱适量，细砂糖50克，无盐黄油80克，糖浆20克，柠檬叶少许

👨‍🍳 **做法**

1　将鸡蛋倒入搅拌盆中，用电动打蛋器搅拌均匀。

2　加入细砂糖、盐打发，此过程需隔水加热。

3　取一盆隔水加热，倒入60克无盐黄油、鲜奶、炼奶隔水加热，搅拌均匀。

4　倒入到步骤2的混合物中，搅打均匀至稠状，筛入低筋面粉及泡打粉，搅拌均匀至无颗粒状。

5　蛋糕纸杯放入玛芬模具中。

6　将拌好的蛋糕糊挤入纸杯中至八分满；烤箱以上火170℃、下火160℃预热，将模具放入烤箱中层，烤约15分钟，取出后倒扣，防止塌陷。

7　将20克无盐黄油及糖浆放入搅拌盆中，用电动打蛋器快速打发，装入裱花袋中。

8　在蛋糕体的四周挤上黄油混合物，在中间铺上适量蓝莓果酱，点缀上柠檬叶即可。

速成海绵蛋糕

⏱ 烘焙：30分钟　　🍲 难易度：★☆☆

📋 材 料

海绵蛋糕预拌粉250克，鸡蛋5个，水65毫升，植物油60毫升，淡奶油100克，砂糖30克，草莓适量

👨‍🍳 做 法

1 海绵蛋糕预拌粉加鸡蛋、水，打发至画"8"字不消，倒入植物油拌匀，放入带有油纸的烤盘中。

2 将烤箱预热5分钟，温度为160℃，然后放入烤盘烤制30分钟。

3 在空盆中倒入淡奶油，加入砂糖，打发。

4 把烤好的蛋糕从烤盘中取出，放在油纸上，抹一层奶油，将蛋糕切好，摆上草莓即可食用。

香橙重油蛋糕

⏱ 烘焙：20分钟　　🍲 难易度：★★☆

📋 材 料

香橙皮40克，泡打粉5克，糖粉100克，鸡蛋100克，低筋面粉100克，色拉油100毫升

👨‍🍳 做 法

1 将香橙皮用刀切成丁。

2 将泡打粉、糖粉（留少许）、鸡蛋、低筋面粉、色拉油倒入玻璃碗中，用搅拌器搅拌成面糊。

3 将香橙皮倒入面糊中，搅拌均匀后装入裱花袋，再将其挤入纸杯中。

4 纸杯放进以上火170℃、下火180℃预热的烤箱中，烤20分钟，取出，撒上糖粉即可。

可乐蛋糕

🕐 烘焙：18分钟　🍲 难易度：★★★

📖 材料

可乐165毫升，无盐黄油60克，高筋面粉55克，低筋面粉55克，泡打粉2克，可可粉5克，鸡蛋1个，香草精2滴，细砂糖65克，盐2克，棉花糖20克，淡奶油100克，草莓3颗，糖粉少许

👨‍🍳 做 法

1 无盐黄油放入不粘锅中，慢火煮至溶解，倒入可乐搅拌均匀，盛起待凉。

2 鸡蛋加入香草精、35克细砂糖、盐拌匀。

3 倒入已凉的黄油可乐。

4 筛入高筋面粉、低筋面粉、泡打粉及可可粉，拌匀成面糊状。

5 将面糊装入裱花袋中，拧紧裱花袋口。

6 在玛芬模具中放入蛋糕纸杯。

7 将蛋糕面糊垂直挤入纸杯中至七分满。

8 在表面放上棉花糖；烤箱以上火170℃、下火160℃预热，蛋糕放入烤箱中，烤18分钟。

9 淡奶油加30克细砂糖打发，挤在蛋糕上。

10 放上切半的草莓，撒上糖粉装饰即可。

> **烘焙妙招**
> 鸡蛋与砂糖打发到发泡，加入液体后搅拌2～3下即可。

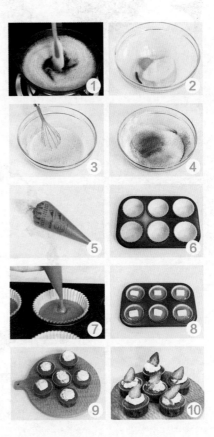

好吃又营养

树莓营养丰富，可以帮助人调节体内的酸碱值，能使人保持更好的气色。

朗姆酒树莓蛋糕

⏱ 烘焙：18分钟　🍲 难易度：★★☆

🍶 材料

无盐黄油90克，细砂糖105克，盐2克，64%黑巧克力35克，鸡蛋80克，低筋面粉140克，泡打粉2克，可可粉10克，朗姆酒60毫升，新鲜树莓6个，淡奶油200克，黄色色素适量

👩‍🍳 做法

1 无盐黄油倒入搅拌盆中。

2 加入细砂糖及盐搅打均匀。

3 黑巧克力隔水熔化后，倒入到搅拌盆中，快速搅打均匀。

4 分两次加入鸡蛋，打至软滑。

5 筛入低筋面粉、泡打粉及可可粉，搅拌至无颗粒状。

6 加入朗姆酒，拌匀融合。

7 将蛋糕糊装入裱花袋。

8 烤盘中放上杯子蛋糕纸杯，将蛋糕糊挤入纸杯中至七分满；烤箱温度以上火170℃、下火160℃预热，蛋糕放入烤箱中层，全程烤约18分钟。

9 淡奶油打发至可提起鹰钩状。

10 取一小部分已打发的奶油，加入几滴黄色色素，搅拌均匀。

11 将已打发好的奶油分别装入裱花袋中，挤在已经放凉的蛋糕表面，先用白色奶油挤出花瓣形状，再用黄色奶油点缀出花蕊。

12 最后再加上树莓装饰即可。

烘焙妙招

使用冷藏的鸡蛋可能造成蛋和油无法融合，影响蛋糕口感。

红茶蛋糕

🕐 烘焙：17分钟　　🍲 难易度：★★☆

📖 材 料

鸡蛋1个，清水12毫升，细砂糖30克，盐2克，低筋面粉35克，泡打粉1克，红茶叶碎1小包，无盐黄油（热熔）12克，炼奶6克，淡奶油80克，朗姆酒2毫升，可可粉少许

👨‍🍳 做 法

1 鸡蛋、细砂糖及盐用电动打蛋器慢速拌匀。

2 加入清水，继续搅拌。

3 加入低筋面粉、泡打粉拌匀。

4 再分别加入炼奶及热熔的无盐黄油，用橡皮刮刀拌匀。

5 在玛芬模具上先放上纸杯。

6 将蛋糕面糊装入裱花袋，挤入纸杯中，至八分满。

7 撒上红茶叶碎。

8 烤箱以上火170℃、下火160℃预热，蛋糕放入烤箱中，烤约17分钟，出炉。

9 淡奶油打发至可提起鹰钩状。

10 在淡奶油中加入朗姆酒，拌匀后，装入裱花袋。

11 将拌匀的淡奶油以螺旋状挤于蛋糕表面。

12 撒上可可粉装饰即可。

肉松紫菜蛋糕

⏱ 烘焙：25分钟　🍱 难易度：★★☆

🍱 **材 料**

蛋黄糊：蛋黄2个，细砂糖15克，色拉油15毫升，水40毫升，紫菜碎8克，低筋面粉40克，泡打粉1克；**蛋白霜**：蛋白2个，细砂糖20克；**装饰**：肉松20克

👨‍🍳 **做 法**

1. 将蛋黄倒入搅拌盆中，打散，倒入15克细砂糖，搅拌均匀。
2. 倒入色拉油，搅拌均匀。
3. 倒入水，搅拌均匀。
4. 筛入低筋面粉及泡打粉，搅拌均匀。
5. 倒入紫菜碎，搅拌均匀，制成蛋黄糊。
6. 在一新的搅拌盆中，将蛋白和20克细砂糖打发，制成蛋白霜。
7. 取1/3的蛋白霜倒入蛋黄糊中搅拌均匀，再倒入剩余的蛋白霜中，制成蛋糕糊，装入裱花袋。
8. 将蛋糕糊垂直挤入蛋糕纸杯中，在表面放上肉松，放入预热至170℃的烤箱中，烘烤25分钟即可。

烘焙妙招
购买纸杯时，要买花纹使用大豆油墨印刷的。

提子松饼蛋糕

🕐 烘焙：20分钟　🍲 难易度：★★☆

📖 材料

鸡蛋3个，细砂糖135克，盐3克，鲜奶
110毫升，无盐黄油150克，高筋面粉
55克，低筋面粉145克，泡打粉3克，
提子干120克，打发的淡奶油100克

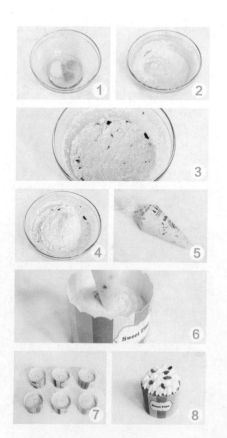

👨‍🍳 做法

1 将鸡蛋打入搅拌盆，加入细砂糖，用电动打蛋
器搅打均匀。

2 加入盐、鲜奶及无盐黄油用电动打蛋器慢速拌
匀，转用快速拌至软滑。

3 再加入提子干拌匀。

4 筛入高筋面粉、低筋面粉及泡打粉，搅拌均
匀，制成蛋糕糊。

5 将蛋糕糊装入裱花袋。

6 从中间挤入到蛋糕纸杯中。

7 烤箱以上火170℃、下火160℃预热，蛋糕放入
烤箱中，全程烤约20分钟。

8 出炉后待其冷却，在表面挤上已打发的淡奶
油，用提子干装饰即可。

> **烘焙妙招**
> 如果全蛋不易打发，可边加
> 热边打发。

奥利奥奶酪小蛋糕

⏱ 烘焙：16分钟　🍲 难易度：★★☆

🧂 材料

奶油奶酪250克，淡奶油150克，蛋黄50克，蛋白50克，香草精2毫升，细砂糖60克，奥利奥饼干碎适量

👨‍🍳 做法

1　奶油奶酪倒入搅拌盆中，用电动打蛋器打散。

2　倒入淡奶油、30克细砂糖、蛋黄，搅打均匀。

3　加入香草精，搅拌成淡黄色霜状混合物。

4　蛋白加入30克细砂糖，用电动打蛋器快速打发至可提起鹰钩状，制成蛋白霜。

5　将蛋白霜分两次加入到步骤3的搅拌盆中，搅拌均匀，制成蛋糕糊，装入裱花袋中。

6　垂直从中间挤入蛋糕纸杯中至七分满，在蛋糕表面撒上少许奥利奥饼干碎。

7　在烤盘中倒入适量清水，放入烤箱中。

8　以180℃约烤10分钟，再转150℃约烤6分钟即可。

烘焙妙招

在烤盘中倒水，在烘烤过程中可增加水汽，使蛋糕不会开裂。

红丝绒纸杯蛋糕

🕐 烘焙：20分钟　🍲 难易度：★★☆

📋 材料

蛋糕体：低筋面粉100克，糖粉65克，无盐黄油45克，鸡蛋1个，鲜奶90毫升，可可粉7克，柠檬汁8毫升，盐2克，小苏打2.5克，红丝绒色素5克；**装饰：**淡奶油100克，糖粉8克

👨‍🍳 做法

1　无盐黄油、65克糖粉、盐拌匀。

2　加入鸡蛋搅拌至完全融合。

3　加入红丝绒色素，拌均匀。

4　倒入鲜奶、柠檬汁，搅拌。

5　筛入低筋面粉、可可粉、小苏打，拌成蛋糕糊。

6　将面糊装入裱花袋。

7　从中间垂直挤入蛋糕纸杯至七分满。

8　烤箱以上、下火175℃预热，将蛋糕放入烤箱，烤约20分钟。

9　淡奶油加8克糖粉用电动打蛋器快速打发至可提起鹰钩状。

10　将打发好的淡奶油装入裱花袋中，挤在蛋糕表面，插上Hello Kitty的小旗即可。

水蒸豹纹蛋糕

🕐 烘焙：20分钟　🍲 难易度：★★☆

🍯 材料

蛋黄糊：细砂糖25克，水80毫升，植物油60毫升，低筋面粉115克，泡打粉2克，蛋黄115克；**蛋白霜**：蛋白210克，塔塔粉2克，细砂糖90克；**豹纹糊**：可可粉4克

👨‍🍳 做法

1　将25克细砂糖和水倒入锅中，煮至细砂糖溶化，再加入植物油，搅拌均匀。

2　筛入低筋面粉和泡打粉，用橡皮刮刀拌匀。

3　倒入蛋黄，搅拌均匀，制成蛋黄糊。

4　蛋白、塔塔粉及90克细砂糖，打发成蛋白霜。

5　取2/3的蛋白霜分次加入到蛋黄糊中拌均匀，再倒回剩余的蛋白霜中拌均匀，制成蛋糕糊。

6　取一部分蛋糕糊，装入两个小碗中，分别筛入1克可可粉和3克可可粉，搅拌均匀，制成浅色可可蛋糕糊和深色可可蛋糕糊。

7　将步骤5中剩余的蛋糕糊倒入蛋糕纸杯中，将两种可可蛋糕糊分别装入裱花袋中。

8　先用浅色可可蛋糕糊在蛋糕纸杯表面画上几个圆点，再用深色可可蛋糕糊在圆点周围画上围边，呈现豹纹状。放入预热至175℃的烤箱中烘烤20分钟。

奥利奥小蛋糕

⏱ 烘焙：20分钟　　🍲 难易度：★★☆

📖 材 料

低筋面粉120克，泡打粉3克，无盐黄油75克，奥利奥饼干碎45克，鸡蛋50克，细砂糖40克，牛奶50毫升

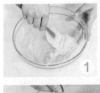

👨‍🍳 做 法

1　将室温软化的无盐黄油及细砂糖倒入搅拌盆中，搅拌至顺滑。

2　加入鸡蛋，搅拌均匀至完全融合。

3　倒入牛奶，搅拌均匀。

4　筛入低筋面粉及泡打粉，用橡皮刮刀搅拌均匀。

5　再加入奥利奥饼干碎，搅拌均匀，制成蛋糕糊。

6　将蛋糕糊装入裱花袋中，垂直挤入蛋糕纸杯中，至八分满。

7　放进预热至170℃的烤箱中，烘烤约20分钟，烤好后取出放凉即可。

> **烘焙妙招**
> 牛奶最好分两次倒入。

胡萝卜巧克力蛋糕

⏱ 烘焙：16分钟　🍲 难易度：★★☆

🍱 材 料

蛋糕糊： 熟胡萝卜泥200克，低筋面粉90克，芥花籽油30毫升，可可粉15克，枫糖浆70克，豆浆80毫升，泡打粉2克，盐0.5克；**内馅：** 可可粉30克，豆浆78毫升，枫糖浆10克

👨‍🍳 做 法

1　将70克枫糖浆、芥花籽油、80毫升豆浆、盐、熟胡萝卜泥倒入搅拌盆中，搅拌均匀。

2　过筛低筋面粉、可可粉、泡打粉至搅拌盆中，翻拌成无干粉的状态，制成蛋糕糊。

3　将蛋糕糊装入裱花袋里，再用剪刀在裱花袋尖端处剪一个小口。

4　挤入放了蛋糕纸杯的蛋糕烤盘，放入已预热至180℃的烤箱中，烘烤约16分钟。

5　往装有78毫升豆浆的碗里倒入可可粉搅拌均匀。

6　倒入10克枫糖浆，搅拌均匀，即成内馅。

7　取出烤好的纸杯蛋糕放在转盘上，用抹刀将内馅抹在蛋糕上，用抹刀尖端轻轻拉起内馅。

8　依次完成剩余的蛋糕，装入盘中即可。

> **烘焙妙招**
> 挤面糊时，不需要在裱花袋中加裱花嘴。

绿茶蛋糕

⏱ 烘焙：20分钟　🍲 难易度：★★☆

📋 材料

糖粉160克，鸡蛋220克，低筋面粉270克，牛奶40毫升，盐3克，泡打粉8克，熔化的黄奶油150克，绿茶粉15克，红豆泥适量

👨‍🍳 做法

1 将鸡蛋、糖粉、盐倒入大碗中，搅拌均匀。

2 倒入熔化的黄奶油，搅拌均匀。

3 将低筋面粉、泡打粉过筛至大碗中，继续搅拌均匀。

4 倒入牛奶，不停搅拌，制成面糊，待用。

5 取适量面糊，加入绿茶粉，用电动打蛋器搅拌均匀，装入裱花袋中。

6 把蛋糕纸杯放入烤盘中，在裱花袋尖端部位剪开一个小口。

7 将面糊挤入纸杯内，至七分满。

8 将烤盘放入烤箱，以上火190℃、下火170℃烤20分钟至熟，取出，点缀红豆泥即可。

> **烘焙妙招**
> 可以在纸杯里加入葡萄干，口味会更佳。

苹果蛋糕

⏱ 烘焙：15分钟　🍲 难易度：★★☆

📖 材料

低筋面粉120克，苹果丁45克，苹果汁120毫升，水淀粉15克，芥花籽油30毫升，蜂蜜40克，泡打粉1克，苏打粉1克，杏仁片少许

👨‍🍳 做法

1 将芥花籽油、蜂蜜倒入搅拌盆中，用手动打蛋器搅拌均匀。

2 再倒入苹果汁，搅拌均匀。

3 将低筋面粉、水淀粉、泡打粉、苏打粉过筛至搅拌盆中，搅拌至无干粉的状态。

4 倒入苹果丁，搅拌均匀，制成苹果蛋糕糊。

5 将苹果蛋糕糊装入裱花袋，用剪刀在裱花袋尖端处剪一个小口。

6 取蛋糕杯，挤入苹果蛋糕糊。

7 撒上杏仁片。

8 将蛋糕杯放在烤盘上，再将烤盘移入已预热至180℃的烤箱中层，烤约15分钟即可。

烘焙妙招
杏仁片烘烤过，再点缀在烤好的蛋糕上，口感也很好。

樱桃开心果杏仁蛋糕

⏱ 烘焙：20分钟　🍲 难易度：★★☆

🍲 材料

蜂蜜60克，芥花籽油8毫升，低筋面粉15克，杏仁粉75克，清水80毫升，泡打粉2克，开心果碎4克，新鲜樱桃60克

👨‍🍳 做法

1　将蜂蜜、芥花籽油倒入搅拌盆中，用手动打蛋器搅拌均匀。

2　将低筋面粉、杏仁粉过筛至盆里，用橡皮刮刀翻拌至无干粉的状态。

3　倒入少许清水，翻拌均匀。

4　倒入泡打粉，继续拌匀，即成蛋糕糊。

5　将蛋糕糊装入裱花袋中，用剪刀在裱花袋尖端处剪一个小口。

6　取蛋糕模具，放上蛋糕纸杯，挤入蛋糕糊至七分满。

7　撒上开心果碎，放上新鲜樱桃。

8　将蛋糕模具放入已预热至180℃的烤箱中层，烤约20分钟即可。

> **烘焙妙招**
> 放入新鲜樱桃前，应先去掉果核。

柠檬椰子蛋糕

烘焙：25分钟　难易度：★★☆

材料

椰浆100毫升，椰子粉40克，豆浆40毫升，低筋面粉70克，枫糖浆60克，芥花籽油35毫升，泡打粉1克，苏打粉1克，柠檬汁10毫升，盐0.5克

做法

1 将椰浆、豆浆、枫糖浆、芥花籽油、柠檬汁、盐倒入搅拌盆中，搅拌均匀。

2 再将椰子粉、泡打粉、苏打粉、低筋面粉过筛至搅拌盆中，搅拌至无干粉的状态，即制成蛋糕糊，装入裱花袋里。

3 将蛋糕纸杯铺在蛋糕烤盘上，把蛋糕糊挤在蛋糕纸杯里至七分满，放入已预热至180℃的烤箱中层，烤约25分钟即可。

芒果慕斯

冷冻：2小时　难易度：★☆☆

材料

慕斯预拌粉116克，牛奶210毫升，淡奶油333毫升，芒果果酱300克，海绵蛋糕体2个

做法

1 将牛奶倒入盆中，加热至翻滚，在牛奶中加入预拌粉，搅拌均匀，将盆冷却至手温。

2 将淡奶油用电动打蛋器充分打发，分两次倒入之前准备好的面糊中，搅拌均匀后加入芒果果酱，再次搅拌均匀。

3 将保鲜膜包裹在模具的一边，放入已准备好的海绵蛋糕，倒入面糊，盖住海绵蛋糕。再放一层海绵蛋糕，倒入剩下的面糊，放入冰箱冷冻2小时即可。

烘焙妙招
可随个人口味使用其他口味的果汁代替橙汁。

香橙慕斯 ⏱ 烘焙：21分钟 🍲 难易度：★★★

🧂 材 料

蛋糕体：无盐黄油30克，鲜奶20毫升，鸡蛋4个，砂糖112克，低筋面粉125克；**慕斯**：橙汁100毫升，砂糖50克，水15毫升，蛋黄2个，吉利丁片15克，君度酒10毫升，淡奶油220克，鲜果适量

👨‍🍳 做 法

1 将无盐黄油及鲜奶放入隔水加热锅中隔水熔化，拌匀。

2 鸡蛋隔水加热，加入112克砂糖打发，倒入黄油鲜奶拌匀。

3 倒入低筋面粉，拌成蛋糕糊。

4 倒入蛋糕模中；烤箱以上火160℃、下火150℃预热，蛋糕烤约21分钟，取出，分成两份。

5 淡奶油打发；吉利丁片泡软。

6 50克砂糖与水煮溶成糖水。

7 蛋黄加入糖水、橙汁及君度酒，搅拌均匀。

8 加入泡软的吉利丁片拌匀。

9 分三次加入打发的淡奶油，拌成慕斯液。

10 慕斯模具底裹上保鲜膜；倒入慕斯液，放一层蛋糕体。

11 再倒慕斯液，铺上蛋糕体，放入冰箱冷藏凝固。

12 取出，脱模，以打发的淡奶油和鲜果装饰即可。

豆腐慕斯蛋糕

⏱ 烘焙：10分钟　🍲 难易度：★★☆

🍱 材料

蛋糕糊：芥花籽油30毫升，豆浆30毫升，枫糖浆35克，柠檬汁2毫升，盐1克，低筋面粉60克，可可粉15克，泡打粉1克，苏打粉1克；**慕斯馅**：豆腐渣250克，枫糖浆30克；**装饰**：开心果碎适量

👨‍🍳 做法

1　将芥花籽油、豆浆、35克枫糖浆、柠檬汁、盐倒入搅拌盆中，用手动打蛋器搅拌均匀。

2　筛入低筋面粉、可可粉、泡打粉、苏打粉，拌成蛋糕糊。

3　烤盘铺油纸放上慕斯圈后倒入蛋糕糊，定型后移走慕斯圈，以上、下火180℃烤约10分钟。

4　取出，用慕斯圈去掉多余的边角料。

5　将豆腐渣、30克枫糖浆拌成慕斯馅。

6　将一块蛋糕放在慕斯圈里，倒入慕斯馅。

7　再盖上一块蛋糕，冷藏3小时。

8　将冷藏好的豆腐慕斯蛋糕脱模后放在盘中，放上开心果碎作装饰即可。

> **烘焙妙招**
> 冷藏3小时以上为佳。

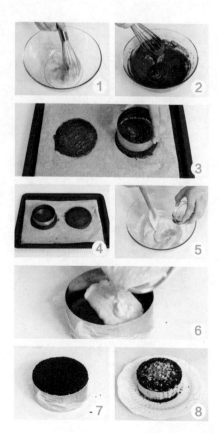

提拉米苏

🕐 冷藏：40分钟　🍱 难易度：★★☆

🍥材料

蛋糕体：蛋糕数片；**芝士糊**：蛋黄2个，蜂蜜30克，细砂糖30克，芝士250克，动物性淡奶油120克；**咖啡酒糖液**：咖啡粉5克，水100毫升，细砂糖30克，朗姆酒35毫升；**装饰**：水果适量，可可粉适量

🍳做法

1 在玻璃碗中将芝士打散后，加入细砂糖拌均匀。

2 加入蛋黄搅拌均匀，然后加入加热好的蜂蜜，用打蛋器搅拌均匀。

3 用电动打蛋器打发动物性淡奶油，打发好后加入芝士糊中，用长柄刮板将其搅拌均匀。

4 把水烧开，然后加入咖啡粉拌匀。

5 倒入细砂糖和朗姆酒搅拌均匀。

6 蛋糕杯底放上蘸了咖啡酒糖液的蛋糕，用裱花袋把芝士糊挤入杯中约三分满。

7 再加入蛋糕，然后倒入剩下的芝士糊约八分满，完成后移入冰箱冷藏半小时以上。

8 取出，筛上可可粉，用水果装饰即可。

> **烘焙妙招**
> 蘸了咖啡酒，能使蛋糕口感更加独特。

烘焙妙招

吉利丁片在加入搅拌前一定要先抖干水分。

香浓巧克力慕斯

烘焙：21分钟　难易度：★★★

材料

蛋糕体：无盐黄油30克，鲜奶20毫升，鸡蛋4个，细砂糖112克，低筋面粉125克；**慕斯液**：细砂糖12克，黑巧克力80克，水12毫升，淡奶油220克，蛋黄2个，吉利丁片（用清水泡软）10克；**装饰**：草莓1颗，巧克力片、打发的鲜奶油各适量

做法

1. 将无盐黄油及鲜奶隔水熔化，拌匀。
2. 鸡蛋隔水加热，加入细砂糖打发，倒入熔化好的黄油鲜奶混合物，搅拌均匀。
3. 倒入低筋面粉拌成蛋糕糊。
4. 倒入蛋糕模中；烤箱以上火160℃、下火150℃预热，放入蛋糕烤约21分钟，分成两份。
5. 黑巧克力熔化成巧克力酱。
6. 细砂糖与水煮溶，制成糖水。
7. 蛋黄打匀，倒入糖水、黑巧克力酱，搅拌均匀。
8. 加入吉利丁片，搅拌均匀。
9. 淡奶油打发，加入巧克力蛋黄混合物中，拌成慕斯液。
10. 模具底部包裹上保鲜膜，倒入慕斯液，放一层蛋糕体。

11. 铺平后再倒慕斯糊，再铺上蛋糕体，冷藏凝固。
12. 取出，脱模，以巧克力片、奶油和草莓装饰即可。

好吃又营养

玫瑰既能活血散滞，又能解毒消肿，长期服用，美容效果甚佳，能有效地清除自由基。

玫瑰花茶慕斯

⏱ 烘焙：20分钟　🍲 难易度：★★★

🍱 材料

蛋糕体：鸡蛋2个，细砂糖35克，盐1克，香草精2滴，低筋面粉40克，炼奶8克，无盐黄油15克；**玫瑰慕斯**：干玫瑰花适量，鲜奶90毫升，砂糖8克，吉利丁片5克，粉红色食用色素2滴，淡奶油300克

🥄 做法

1 吉利丁片放入水中泡软。

2 淡奶油打发，冷藏备用。

3 鸡蛋、细砂糖、盐搅打至发白，此过程需隔水加热。

4 无盐黄油隔水加热煮熔，倒入炼奶中，搅拌均匀。

5 倒入打发的鸡蛋中，拌至融合。

6 加低筋面粉、香草精，拌匀。

7 在烤盘中铺一张白纸，放上模具，倒入蛋糕糊，抹平。

8 烤箱以上、下火160℃预热，蛋糕放入烤箱中，烤20分钟。

9 干玫瑰花、鲜奶及砂糖8克煮沸，加盖焖5分钟，捞起玫瑰花。

10 取吉利丁片装入碗中，倒入鲜奶，搅拌至充分熔化。

11 滴入粉红色色素，拌均匀。

12 倒入打发的淡奶油中，搅拌均匀，制成玫瑰慕斯液。

13 蛋糕取出，冷却，脱模。

14 将玫瑰慕斯液加入模具中抹平，放上海绵蛋糕，冷藏。

15 取出切块，挤上奶油，用干玫瑰花加以装饰即可。

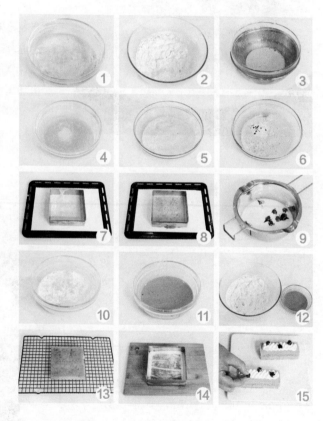

烘焙妙招
脱模时要轻轻将模具提起，以防破坏蛋糕边缘。

蓝莓慕斯

⏱ 冷冻：2小时　🍲 难易度：★☆☆

🥫 材 料

慕斯预拌粉116克，牛奶210毫升，淡奶油333克，蓝莓果酱300克，海绵蛋糕体2个

👨‍🍳 做 法

1. 将牛奶倒入盆中，加热至翻滚，加入预拌粉，搅拌均匀，将盆冷却至手温。
2. 将淡奶油用电动打蛋器充分打发，分两次倒入之前准备好的面糊中，搅拌均匀后加入蓝莓果酱，再次搅拌均匀。
3. 将保鲜膜包裹在模具的一边，放入海绵蛋糕，倒入面糊，盖住海绵蛋糕，再放一层海绵蛋糕，倒入剩下的面糊，放入冰箱冷冻2小时即可。

双味慕斯

⏱ 冷冻：2小时　🍲 难易度：★★☆

🥫 材 料

慕斯预拌粉116克，牛奶210毫升，淡奶油333克，草莓果酱150克，蓝莓果酱150克，海绵蛋糕体2个

👨‍🍳 做 法

1. 牛奶加热至沸腾，加入预拌粉拌匀，冷却。
2. 淡奶油打发，倒入面糊拌匀，一分为二。
3. 一份面糊中加入蓝莓果酱，搅拌均匀，另一份面糊中加入草莓果酱，搅拌均匀；将保鲜膜包裹在模具的一边作为底部。
4. 放入已准备好的海绵蛋糕体，倒入草莓面糊，盖住海绵蛋糕。再放一层海绵蛋糕，倒入蓝莓面糊，放入冰箱冷冻2小时即可。

烘焙妙招

若没有曲奇饼干，也可
用普通的奥利奥饼干代
替，将奥利奥饼干夹心除
去，饼干片碾碎，加入无
盐黄油，搅拌均匀，压成
饼干底。

巧克力曲奇芝士慕斯

⏱ 冷藏：4小时　　🍲 难易度：★★★

📋 材 料

饼底： 奶香曲奇饼干95克，无盐黄油50克；**巧克力曲奇芝士：** 吉利丁片8
克，鲜奶85毫升，奶油芝士130克，砂糖25克，淡奶油350克，朱古力酒15毫
升；**装饰：** 奥利奥饼干80克

👨‍🍳 做 法

1 圆形慕斯模具锡纸包好，备用。

2 奶香曲奇饼干捣碎，与无盐黄
油拌匀，倒入模具中压实。

3 吉利丁片放入水中泡软。

4 鲜奶煮开，加入吉利丁拌匀。

5 奶油芝士、砂糖打至松软，倒
入朱古力酒，拌至完全融合。

6 倒入鲜奶混合物，搅拌均匀。

7 淡奶油打发，留小部分装饰用。

8 将打发的淡奶油加入芝士糊混
合物中，搅拌均匀。

9 加入饼干碎，拌成曲奇芝士。

10 倒入慕斯模中，冷藏4小时。

11 用热毛巾敷在模具四周脱模。

12 奥利奥饼干切成四份；将蛋糕
平均分成八小块，挤上奶油，
放上奥利奥饼干装饰即可。

四季慕斯

🕐冷藏：3小时　📦难易度：★★☆

📒材料

装饰：芒果丁、巧克力、奶油花、蓝莓、抹茶、樱花、桂花、葡萄、桃子、猕猴桃各适量；**牛奶慕斯底**：牛奶400毫升，淡奶油180克，细砂糖30克，香草荚半根，吉利丁片12.5克，蛋黄3个

👨‍🍳做法

1　吉利丁片剪成小片，用4倍量左右的冰水泡软（可食用的水），香草荚剖开取籽。

2　将牛奶、蛋黄、细砂糖、香草籽、香草荚放在小锅里搅拌均匀。

3　中小火熬煮并用刮刀不停搅拌，直到划过刮刀有清晰的痕迹时关火。

4　把泡软的吉利丁捞出，加在蛋黄糊里搅拌至融化。

5　将淡奶油打发至四分发（出现纹路但会马上消失，还会流动）。

6　分两次将淡奶油跟蛋黄糊混合均匀。

7　模具中倒入蛋奶糊，加入水果丁，摇晃平整，放入冰箱冷藏3小时至凝固，拿出，装饰即可。

> **烘焙妙招** 🥢
> 慕斯煮至用刮刀划过有明显痕迹时关火。

柚子慕斯蛋糕

🕐 冷藏：8小时　　🍲 难易度：★ ★ ☆

📦 材 料

热水200毫升，柚子蜜15克，海绵蛋糕1片，吉利丁片10克，凉水80毫升，牛奶80毫升，蛋黄20克，淡奶油200克，蜂蜜柚子酱150克

👨‍🍳 做 法

1　10克吉利丁片放入凉水中泡软，备用。

2　将牛奶倒入奶锅中，加热至60℃，关火。

3　取5克吉利丁片倒入牛奶中，搅拌溶解。

4　加入蛋黄及蜂蜜柚子酱，搅拌均匀。

5　将淡奶油倒入新的搅拌盆中打发。

6　将步骤4的混合物倒入奶油中，拌成慕斯液。

7　在慕斯圈底部包一层保鲜膜包住底部，倒入部分慕斯液，再将海绵蛋糕放入，再倒入慕斯液，抹平，放入冰箱冷藏4小时。

8　取一个新的搅拌盆，倒入少量热水，再放入泡软的剩余5克吉利丁片及柚子蜜，搅拌均匀。

9　取出冻好的慕斯，在表面倒上步骤8的混合物。

10　放入冰箱冷藏4小时，凝固后，用喷火枪在慕斯圈四周均匀加热，脱模即可。

> **烘焙妙招**
> 可将慕斯液过滤一次再用。

草莓慕斯

🕐 冷藏：3小时　　🍲 难易度：★★★

📋 材料

慕斯底： 牛奶30毫升，白砂糖20克，淡奶油280克，草莓果泥100克，吉利丁片10克；**慕斯淋面A：** 草莓果泥100克，白砂糖150克，饴糖175克；**慕斯淋面B：** 草莓果泥75克，白巧克力150克，吉利丁片20克；**其他：** 蛋糕坯适量，鲜草莓30克，椰蓉适量，红加仑适量

👨‍🍳 做法

1　把饴糖用电磁炉隔水加热软化，倒入150克白砂糖，用长柄刮板搅拌均匀后，加入草莓果泥继续搅拌，即为慕斯淋面A。

2　把白巧克力、草莓果泥和软化的吉利丁片用电磁炉隔水加热并搅拌均匀，即为慕斯淋面B。

3　把淋面A和淋面B全部搅拌均匀。

4　把牛奶、20克白砂糖、草莓果泥和软化的吉利丁隔水加热搅拌均匀。

5　把淡奶油用电动打蛋器打至六成发。

6　把搅拌好的牛奶草莓果泥酱倒入打发好的奶油霜中翻拌均匀，即为慕斯底。

7　在模具中放入蛋糕坯、鲜草莓丁。

8　用裱花袋把慕斯底挤进装有蛋糕坯的模具里约五分满，放入冰箱冷藏3小时以上。

9　在网架下放上托盘，然后将冷冻好的慕斯放在网架上，并淋上慕斯淋面。

10　在慕斯底部裹上椰蓉，放在蛋糕底托上，用红加仑等装饰即可。

Part 5

香甜点心篇

　　关于点心，有这样一句话：人都有两个胃，一个用来吃饭，而另一个则用来吃点心。闲暇之余，浅尝一款可爱又好吃的点心，能够刺激多巴胺的分泌，让身心沉浸在氤氲、魅惑、愉悦的氛围里。

芝士蛋挞

⏱ 烘焙：10分钟　　🍱 难易度：★ ☆ ☆

📖 材 料

挞皮：低筋面粉100克，黄油50克，芝士35克，细砂糖20克；**挞馅：**牛奶20毫升，鸡蛋2个，细砂糖50克，水100毫升

👨‍🍳 做 法

1　将黄油、芝士、细砂糖倒入玻璃碗中进行搅拌；接着加入低筋面粉，将其搅拌至黏稠。

2　将面团揉至长条形。

3　把揉好的挞皮面团放入蛋挞模具中捏至成形。

4　把水、细砂糖倒入另一个玻璃碗中进行搅拌，使细砂糖能够充分溶化。

5　倒入牛奶，用搅拌器搅拌均匀。

6　将鸡蛋敲入碗中，打散至糊状。

7　把鸡蛋液倒入糖水中搅拌均匀后过筛。

8　将挞馅装入挞皮中，约九分满，放入以上、下火190℃预热好的烤箱中，烘烤约10分钟即可。

> **烘焙妙招**
> 黄油需要提前加热至软化，然后进行打发。

香甜樱桃挞

⏱ 烘焙：28分钟　🍲 难易度：★★☆

📖 **材料**

挞皮： 低筋面粉175克，黄油100克，水45毫升，盐2克；**挞馅：** 淡奶油125克，牛奶125毫升，细砂糖20克，蛋黄100克，朗姆酒3毫升，樱桃果肉70克

👨‍🍳 **做 法**

1　烤箱通电进行预热，上火200℃，下火160℃。

2　把黄油倒入玻璃碗中，分多次加入水并搅拌均匀；再加入盐、低筋面粉搅拌均匀，制成挞皮。

3　将面团搓成长条，用刮板切成小块后紧贴蛋挞模内壁进行装模，摆放在烤盘中。

4　将烤盘放进预热好的烤箱中，烘烤约8分钟。

5　将淡奶油、牛奶和细砂糖倒入玻璃碗中，用搅拌器充分拌匀，接着加入蛋黄搅拌，再倒入朗姆酒拌匀。

6　把制作好的挞馅倒入烤好的挞皮中约九分满，然后放入预热好的烤箱中烘烤约20分钟。

7　烤好后出炉，用樱桃果肉装饰已经烤好的挞即可。

> **烘焙妙招**
> 面皮在挞模中捏紧时，要捏得高出模具的边缘才行。

柠檬挞

⏱ 烘焙：20分钟　🍲 难易度：★ ★ ☆

📦 材 料

挞皮：黄油50克，糖粉50克，鸡蛋20克，泡打粉1克，低筋面粉100克；**挞馅**：牛奶20毫升，糖粉20克，柠檬汁20毫升，柠檬果肉15克，黄油25克，水40毫升，蛋黄液15克；**装饰**：柠檬1个

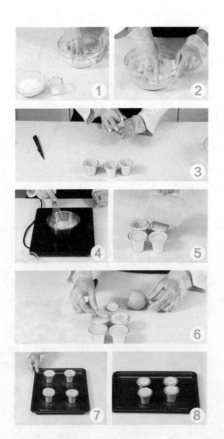

👨‍🍳 做 法

1　把黄油、糖粉、鸡蛋放入玻璃碗中搅拌均匀。

2　再加入低筋面粉和泡打粉搅拌均匀，制成挞皮。

3　把做好的挞皮压入模具的内壁。

4　把牛奶、水、糖粉、黄油倒入不锈钢盆加热，用搅拌器搅拌匀，加入去皮的柠檬果肉、柠檬汁和蛋黄液拌匀。

5　把调好的馅倒入塑料杯，再倒入挞皮。

6　将柠檬切片盖在挞馅上。

7　将模具放在烤盘中，并将烤盘放入以上火180℃、下火160℃预热好的烤箱中，烘烤约20分钟。

8　柠檬挞烤好后将其取出装盘即可。

烘焙妙招
这种挞杯可以用挞托代替。

烘焙妙招

烤挞皮时一般放入烤箱中层，让两面受热均匀。

豆浆椰子布丁挞

⏱ 烘焙：20分钟；冷藏6小时　🍲 难易度：★★★

🥣 材料

挞皮：芥花籽油60毫升，枫糖浆40克，低筋面粉120克，泡打粉2克；**挞馅**：豆腐200克，豆浆300毫升，枫糖浆60克，椰子粉30克，淀粉20克，低筋面粉20克，椰丝40克

👨‍🍳 做法

1. 将芥花籽油、40克枫糖浆装盆搅匀。

2. 筛入挞皮中的粉类，拌成面团。

3. 包好保鲜膜，擀成薄面皮。

4. 用慕斯圈压出面皮，戳透气孔。

5. 放入已预热至180℃的烤箱中层，烤10分钟，取出放凉。

6. 将豆腐、豆浆、60克枫糖浆搅打成浆，倒入搅拌盆中。

7. 筛入椰子粉、淀粉、20克低筋面粉拌匀，倒入平底锅中。

8. 边加热边拌匀，制成挞馅。

9. 用保鲜膜包住慕斯圈做底，放入挞皮，倒入挞馅。

10. 椰丝放入已预热至180℃的烤箱烤10分钟，撒在步骤9上。

11. 放入冰箱冷藏约6小时。

12. 取出挞脱模，切块后装盘即可。

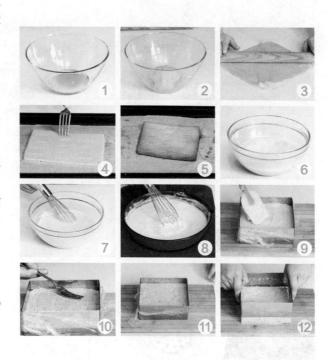

素蓝莓挞

🕐 烘焙：10分钟　🍞 难易度：★★☆

📖 材 料

挞皮：芥花籽油20毫升，枫糖浆30克，低筋面粉90克，泡打粉2克；**挞馅**：豆腐100克，枫糖浆22克；**装饰**：蓝莓20克

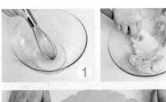

👨‍🍳 做 法

1　将芥花籽油、30克枫糖浆倒入搅拌盆中，用手动打蛋器搅拌均匀。

2　将低筋面粉、泡打粉过筛至搅拌盆中，翻拌成无干粉的状态，制成挞皮面团。

3　取出面团放在铺有保鲜膜的操作台上，用擀面杖将面团擀成厚度约4毫米的面皮。

4　将面皮扣在挞模上，压实，切掉多余的面皮。

5　面皮表面戳透气孔，放入已预热至180℃的烤箱中层，烘烤约10分钟。

6　将豆腐、22克枫糖浆倒入搅拌机中，将材料搅打成泥，制成挞馅。

7　取出烤好的挞皮，待放凉后脱模。

8　将挞馅倒入挞皮中至八分满，放上蓝莓即可。

> **烘焙妙招**
> 过筛能使面粉中的结块消失，成品口感会细腻些。

南瓜挞

⏱ 烘焙：10分钟　　🍲 难易度：★★☆

🍶 材料

挞皮：芥花籽油30毫升，枫糖浆20克，盐0.5克，杏仁粉15克，低筋面粉60克，泡打粉2克，苏打粉2克；**挞馅**：南瓜150克，豆腐100克，盐0.5克，枫糖浆22克；**装饰**：杏仁碎少许，干红枣块少许

👨‍🍳 做法

1. 将芥花籽油、20克枫糖浆、0.5克盐倒入搅拌盆中，用手动打蛋器搅拌均匀。
2. 筛入粉类，用橡皮刮刀翻拌成无干粉的面团。
3. 放在铺有保鲜膜的操作台上，用擀面杖擀成厚度为4毫米的面皮，扣在挞模上压实。
4. 切掉挞模上多余的面皮，在表面戳透气孔。
5. 放入已预热至180℃的烤箱中层，烤约10分钟。
6. 将蒸熟的南瓜装入过滤网中，按压沥干水分。
7. 将南瓜倒入搅拌机中，再倒入豆腐、0.5克盐、22克枫糖浆，搅打成泥，制成挞馅。
8. 装入裱花袋，在裱花袋尖端处剪一个小口。
9. 取出烤好的挞皮，挤入挞馅至九分满。
10. 放上红枣块、杏仁碎做装饰即可。

> **烘焙妙招**
> 蒸熟的南瓜滤掉多余水分才能使用量更精确。

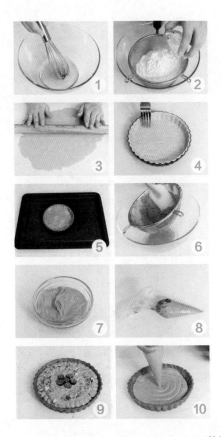

无花果挞

⏱ 烘焙：40分钟　　🍲 难易度：★★☆

📖 材料

挞皮： 低筋面粉60克，芥花籽油30毫升，枫糖浆20克，杏仁粉15克，泡打粉2克，盐0.5克，苏打粉2克；**挞馅：** 杏仁粉50克，低筋面粉10克，泡打粉2克，枫糖浆30克，芥花籽油10毫升，豆浆50毫升，无花果干（对半切）适量

👨‍🍳 做法

1　将30毫升芥花籽油、20克枫糖浆、盐倒入搅拌盆中，用手动打蛋器搅拌均匀。

2　筛入挞皮材料中的粉类，拌匀，制成挞皮面团。

3　取出面团，放在铺有保鲜膜的操作台上，用擀面杖擀成厚度为4毫米的面皮。

4　将面皮倒扣在挞模上，切掉挞模上多余的面皮，用叉子在面皮上戳透气孔。

5　放入已预热至180℃的烤箱中，烤约10分钟。

6　将30克枫糖浆、10毫升芥花籽油、豆浆倒入搅拌盆中，边倒边搅拌均匀。

7　筛入挞馅材料中的粉类，搅拌均匀，制成挞馅。

8　取出挞皮，倒入挞馅，放上无花果干，移入预热至180℃的烤箱中层，烘烤约30分钟即可。

> **烘焙妙招**
> 用新鲜无花果点缀会更加美观。

牛油果挞

⏱ 烘焙：10分钟　🍲 难易度：★★☆

📋材料

挞皮： 低筋面粉90克，蜂蜜30克，芥花籽油20毫升，泡打粉2克；**挞馅：** 牛油果40克，柠檬汁3毫升，清水3毫升；**装饰：** 菠萝片适量，樱桃少许

👨‍🍳做法

1. 将芥花籽油、蜂蜜倒入搅拌盆中，搅拌均匀。
2. 将低筋面粉、泡打粉过筛至搅拌盆中，翻拌至无干粉的状态，制成挞皮面团。
3. 取出面团放在铺有保鲜膜的操作台上，将面团擀成厚度为4毫米的面皮。
4. 将面皮倒扣在挞模上，压实，切掉挞模上多余的面皮，在面皮上戳透气孔。
5. 将挞模放入已预热至180℃的烤箱中层，烘烤约10分钟，即成挞皮。
6. 将牛油果、清水、柠檬汁倒入搅拌机中，搅打成泥，即成挞馅。
7. 取出烤好的挞皮脱模，倒入挞馅，再抹平。
8. 将菠萝片摆在挞馅上，再放上樱桃做装饰即可。

> **烘焙妙招**
> 挞馅中可以加入糖粉，口味更佳。

草莓芝士派

🕐 烘焙：40分钟　　🍲 难易度：★★☆

📖 材 料

派皮： 黄油125克，糖粉125克，鸡蛋50克，低筋面粉250克，泡打粉1克；

派馅： 奶油芝士170克，黄油60克，细砂糖60克，鸡蛋50克，淀粉9克，淡奶油35克，草莓酱60克

👨‍🍳 做 法

1　烤箱通电，以上火190℃、下火150℃预热。

2　把黄油倒在案台上，加入糖粉，搅拌均匀。

3　再加入鸡蛋搅拌，使其与黄油充分融合。

4　加低筋面粉、泡打粉，拌成面团，擀好后装模贴紧，把剩余挞皮擀成长条，裹在模具的内边缘上。

5　用刮板在做好的派底部打孔排气，放入烤盘中并放进烤箱烤约15分钟至表皮微微发黄。

6　把奶油芝士和细砂糖放入碗中，拌匀，加入溶化好的黄油搅拌，再加入淡奶油搅拌。

7　分两次加入鸡蛋拌匀，加淀粉拌匀，制成派馅。

8　倒入烤好的派皮中，再把草莓酱挤入馅料中。

9　把派放入预热好的烤箱中层，烤约25分钟。

10　取出烤好的派，装盘即可。

> **烘焙妙招**
> 面团揉搓过度会使派皮烤时难以蓬松，以刚好光滑为准。

清甜苹果派

🕐 烘焙：25分钟　🍲 难易度：★★☆

📋 材料

派皮：低筋面粉135克，黄油110克；鸡蛋15克，泡打粉2克，糖粉80克；**派馅**：苹果1个，梨1个，柠檬汁5毫升，细砂糖60克，盐2克，肉桂粉4克，黄油10克

👨‍🍳 做法

1. 将软化的黄油、糖粉倒入碗中拌匀，加鸡蛋搅拌，加泡打粉和低筋面粉，拌匀，制成挞皮。
2. 把挞皮擀好后放入模具底部，使挞皮与其紧贴。
3. 把剩下的挞皮擀成长条形，裹住模具内边缘，用刮板在做好的派皮底部打孔排气。
4. 把派皮放入烤盘中，并放进以上、下火190℃预热好的烤箱中，烤约20分钟至表皮微微发黄。
5. 把梨和苹果削皮，用刀切成丁状待用。
6. 把肉桂粉、盐、细砂糖、柠檬汁、熔化好的黄油、水果丁搅拌均匀，制成派馅。
7. 把派馅装入派底，放入烤箱，烘烤5分钟。
8. 取出烤好的派装盘即可。

> **烘焙妙招**
> 在派馅中加入沙拉酱，会让成品味道更好。

核桃派

⏱ 烘焙：30~33分钟　🍲 难易度：★★☆

🧂 材 料

派皮： 黄油100克，低筋面粉170克，水90毫升；**派馅：** 白砂糖50克，黄油37克，蜂蜜25克，麦芽糖62克，核桃仁250克，提子100克

👨‍🍳 做 法

1　把黄油倒入玻璃碗中，搅散后分多次加入水进行搅拌。

2　加入低筋面粉搅拌均匀。

3　把做好的派皮压入派模中，用刮板刮去剩余派皮，再用擀面杖将其擀成条，绕派模内壁一圈。

4　将派模放入烤盘中，再放入以上火180℃、下火160℃预热好的烤箱中，烤15~18分钟取出。

5　把蜂蜜、麦芽糖、黄油、白砂糖倒入碗中加热，用搅拌器搅拌均匀。

6　倒入核桃仁和提子，搅拌，做成派馅倒入碗中。

7　用勺子把派馅放入烤好的派皮中，将派继续放入烤箱中烤约15分钟。

8　取出烤好的派，脱模装盘即可。

> **烘焙妙招**
> 也可用白砂糖熬成糖浆，但速度要快，不然会很快凝固。

抹茶派

🕐 烘焙：30分钟　🍲 难易度：★★☆

📋 材 料

派底： 低筋面粉340克，黄油200克，水90毫升；**派心：** 低筋面粉30克，鸡蛋50克，细砂糖50克，抹茶粉15克，黄油50克，杏仁粉50克；**装饰：** 糖粉适量，蓝莓适量，淡奶油100克，抹茶粉30克

👨‍🍳 做 法

1　把黄油、水、低筋面粉倒入玻璃碗中，拌匀。

2　将派底原料搅拌均匀后，放在案台上用擀面杖擀成面饼，用刮板刮去剩余部分，装入派模整形。

3　将剩余的材料擀成条状，绕派模内部一圈，并将派模放进以上火180℃、下火160℃预热的烤箱烘烤约15分钟。

4　把派心原料倒进玻璃碗中搅拌均匀。

5　用剪刀在烤好的派底底部打孔排气。

6　将做好的派心用裱花袋挤进烤好的派底中，放在烤盘，移入烤箱烘烤约15分钟。

7　取出烤好的派后脱模冷却，在冷却好的派上筛上糖粉，挤上六成发的淡奶油。

8　最后再筛上抹茶粉，用蓝莓装饰即可。

> **烘焙妙招**
> 六成发是指将容器倾斜时淡奶油还会有些许的流动。

甜心巧克力

🕐 烘焙：20分钟　　🍲 难易度：★★☆

📋 材料

派底： 黄油80克，糖粉45克，低筋面粉137克，可可粉10克，蛋黄15克；**派心：** 淡奶油500克，巧克力200克，牛奶80毫升，吉利丁15克，朗姆酒10毫升；**装饰：** 可可粉、巧克力碎、樱桃各少许

👨‍🍳 做法

1 把黄油、糖粉倒入玻璃碗中搅拌。

2 再加入蛋黄、可可粉、低筋面粉搅拌均匀。

3 放在案台上擀成面饼，装入派模后进行整形。

4 将剩余的材料擀成条状，绕派模内部一圈。

5 把派底部用剪刀扎上小孔，放进烤箱，以上火180℃、下火160℃烘烤约20分钟，取出冷却。

6 把牛奶、巧克力、朗姆酒、泡水软化后的吉利丁倒入不锈钢盆中，隔水加热，用搅拌器搅拌均匀，做成巧克力酱。

7 用电动搅拌器将淡奶油打至五成发。

8 把打发好的淡奶油和巧克力酱翻拌均匀。

9 把派心倒进冷却好的派底中静置约15分钟。

10 筛上可可粉，用巧克力碎、樱桃等进行装饰即可。

> **烘焙妙招**
> 为了保证吉利丁不熔化，必须用冰水浸泡，使其软化。

千丝水果派

🕐 烘焙：40分钟　🍲 难易度：★★☆

🏺 材料

派底： 低筋面粉340克，黄油200克，水90毫升；**派心：** 鸡蛋75克，细砂糖100克，低筋面粉200克，肉桂粉1克，胡萝卜丝80克，菠萝干70克，核桃60克，黄油50克，新鲜水果（草莓、蓝莓、红加仑、樱桃等）适量

👨‍🍳 做法

1　烤箱以上火180℃、下火160℃预热。

2　把200克黄油、水、低筋面粉倒入玻璃碗中，边倒边搅拌均匀。

3　将派底原料拌匀后，放在案台上用擀面杖擀成面饼，用刮板刮去剩余部分，然后进行整形。

4　将剩余的面团擀成条状，然后绕派模内部一圈，并将派模放烤箱，烘烤约15分钟。

5　把50克黄油、细砂糖、鸡蛋倒入玻璃碗中拌匀，再倒入低筋面粉、胡萝卜丝、肉桂粉、菠萝干、核桃，搅拌均匀，制成派心。

6　派底烤好后取出，将派心放进烤好的派底中。

7　抹平派心，再放入烤箱烤25分钟，取出。

8　冷却后用新鲜水果装饰即可。

> **烘焙妙招**
> 点缀水果后，再涂一层蜂蜜或果胶，让成品更美观。

蓝莓派

⏱ 烘焙：35分钟　　🍲 难易度：★★☆

📋 材 料

派底：面粉340克，黄油200克，水90毫升；

派心：芝士190克，细砂糖75克，鸡蛋50克，淡奶油150克，蓝莓70克

👨‍🍳 做 法

1　把派底原料倒进玻璃碗中，拌均匀后放进派模，再用擀面杖对派底擀面整形。

2　将派底放在烤盘中，放进以上火180℃、下火160℃预热的烤箱，烘烤15分钟，取出。

3　把派心原料拌匀，用裱花袋把派心挤入烤好的派底中，再把派放进烤箱中烤20分钟。

4　取出烤好的派，冷却后铺上蓝莓即可。

⏱ 烘焙：6分钟　　🍲 难易度：★☆☆

松饼

📋 材 料

松饼预拌粉250克，鸡蛋55克，植物油70毫升，白砂糖适量，水250毫升

👨‍🍳 做 法

1　在备好的玻璃碗中依次倒入松饼预拌粉、水、鸡蛋、植物油，混合均匀。

2　将揉好的面团平均分成两份，用手压成面饼装，面饼两面均粘上白砂糖。

3　松饼机预热1分钟后，把面饼放入，盖上盖子烤5分钟即可。

烘焙妙招
最后可筛上糖粉，好看又好吃。

烘焙妙招

如果刚烤好的华夫饼直接装盘，则会因为过热有水汽，影响口感。

华夫饼 ⏱ 烘焙：6分钟 🍲 难易度：★★☆

🥛 材料

鸡蛋55克，细砂糖20克，牛奶100毫升，蜂蜜10克，黄油30克，低筋面粉100克，泡打粉3克

👨‍🍳 做法

1 鸡蛋加入细砂糖打散。

2 黄油隔热水搅拌至熔化。

3 将低筋面粉和泡打粉混合均匀过筛。

4 加入牛奶、蜂蜜、融化的黄油（留少许），用手动打蛋器混合均匀，静置至少30分钟待用。

5 华夫饼机预热好之后，薄薄地刷一层熔化的黄油防粘，将旋钮调整至烤制模式。

6 将面糊倒入量杯里方便操作。

7 倒入华夫饼机。

8 倒满后盖上盖子，翻转待成熟，取出放在晾网上，略冷却之后再装盘。

烘焙妙招
烤好的鲷鱼烧要放晾网冷
却，以免有水汽。

鲷鱼烧 ⏱ 烘焙：3分30秒 🍲 难易度：★★☆

材料

鸡蛋120克，细砂糖48克，蜂蜜24克，牛奶60毫升，低筋面粉120克，泡打粉
2.4克，玉米油18毫升，豆沙馅108克，黄油适量

做法

1　鸡蛋加细砂糖及蜂蜜，拌匀。

2　低筋面粉和泡打粉混合过
　　筛，在鸡蛋糊中加一半的面
　　粉拌匀。

3　加入一半的牛奶搅拌均匀，
　　加入剩余面粉，搅拌均匀后
　　再加入剩余牛奶搅匀。

4　加入玉米油，用打蛋器搅
　　匀，装入大量杯中。

5　模具先预热，再刷一层融合
　　的黄油防止粘连，倒入少许
　　面糊，盖住模具底部即可。

6　放入豆沙馅。

7　倒入少许面糊盖住馅心。

8　盖上模具微小火，加热约1分
　　钟翻面，再加热2分钟翻面烤
　　30秒即可。

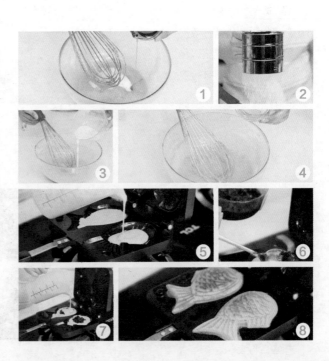

原味马卡龙

⏱ 烘焙：8分钟　🍲 难易度：★★★

🥣 材 料

杏仁粉60克，糖粉125克，蛋白50克，
淡奶油30克

👨‍🍳 做 法

1　将杏仁粉和105克糖粉装碗，搅打成细腻的粉末。

2　倒入20克蛋白，反复搅拌，使杏仁糖粉和蛋白
　　完全混合。

3　另置一玻璃碗，倒入30克蛋白和20克糖粉，用
　　电动搅拌器打发至可以拉出直立的尖角。

4　将打好的蛋白加入到杏仁糊中搅匀，使其变得
　　浓稠，每次翻拌都要迅速地从下往上翻拌。

5　将面糊装入裱花袋，挤到铺有烘焙纸的烤盘上。

6　将烤盘放入以上火180℃、下火160℃预热好的
　　烤箱中，烘烤约8分钟。

7　打发淡奶油。

8　将烤好的面饼放到一边冷却，把淡奶油放入裱
　　花袋中，挤在面饼中间，将面饼捏起来即可。

> **烘焙妙招**
> 上下翻拌能够打破面筋的形
> 成，保持其口感。

法式马卡龙

🕐 烘焙：15~20分钟　🍲 难易度：★★☆

📖 **材料**

马卡龙预拌粉250克，热水28毫升，奶油少许

👨‍🍳 **做法**

1　在容器中倒入马卡龙预拌粉，倒入热水，搅拌均匀，做成面糊，放入裱花袋，均匀地在烤盘上挤成圆形，室温放置15~20分钟，至表面结皮。

2　烤箱预热190℃，烤制15~20分钟，取出烤好的马卡龙，两两一组，在夹层中间挤上奶油即可。

> **烘焙妙招**
> 奶油提前做好，放入冰箱冷藏待用。

速成闪电泡芙

🕐 烘焙：18分钟　🍲 难易度：★★☆

📖 **材料**

泡芙预拌粉220克，白砂糖15克，水250毫升，黄油130克，鸡蛋220克，黑巧克力100克

👨‍🍳 **做法**

1　盆中倒入水、白砂糖、黄油，边拌边加热至食材熔化，倒入泡芙预拌粉、鸡蛋，搅匀，将面糊装入带有裱花嘴的裱花袋中。

2　烤盘铺上油纸，用裱花袋挤出长条，放入已预热至160℃的烤箱中层，烤18分钟。

3　把黑巧克力切碎，隔水加热至熔化，倒入裱花袋中，挤在泡芙表面，待其冷却即可。

咖啡芝士泡芙

🕐 烘焙：20分钟　　🍲 难易度：★★☆

📖 材料

泡芙面团：低筋面粉100克，水160毫升，黄油80克，细砂糖10克，盐1克，鸡蛋3个；**咖啡芝士馅：**奶油芝士180克，淡奶油135克，糖粉45克，咖啡粉10克

👨‍🍳 做法

1　水、黄油一起放入不锈钢盆里，边加热边拌匀。

2　煮至沸腾，转小火，放入盐、细砂糖、低筋面粉，快速搅拌，使面粉和水完全混合均匀后关火。

3　使面糊散热，把面糊倒入玻璃碗中搅散，等面糊冷却到不太烫手时，分多次加鸡蛋拌匀。

4　把面糊装入裱花袋，挤在垫有烘焙纸的烤盘上。

5　把烤盘送入以上火180℃、下火160℃预热好的烤箱，烤约20分钟，直到表面黄褐色，取出。

6　将奶油芝士室温软化以后，放入玻璃碗中，使用搅拌器搅碎，再加入糖粉，搅打至细滑状。

7　加入淡奶油和咖啡粉，搅打匀，制成芝士馅。

8　取出泡芙，将芝士馅装入裱花袋，填入泡芙即可。

烘焙妙招

喜欢浓厚口感的，则可以减少淡奶油的用量。

好吃又营养

香草能起到锦上添
花的效果，充分调
动味蕾。小饿的时
候来一点，补充营
养和能量两不误。

香草泡芙

⏱ 烘焙：25分钟　🍲 难易度：★★★

🗄材料

泡芙： 水71毫升，黄油69克，牛奶68毫升，细砂糖3克，盐2克，低筋面粉70克，鸡蛋液121克；**香草奶油馅：** 牛奶268毫升，蛋黄38克，白糖37克，玉米淀粉22克，香草荚1根，淡奶油200克

👨‍🍳做法

1. 将黄油、牛奶、盐、细砂糖、水放到锅里加热至沸腾离火，倒入过筛的低筋面粉拌匀。

2. 边加热边从底部铲起来，直到锅底出现一层薄膜时离火。

3. 待降温至50℃左右，分次加入鸡蛋液，搅匀，制成面糊。

4. 烤箱预热200℃，面糊装入裱花袋，用圆形花嘴在烤盘（垫上油纸）上挤出大小一样的圆形。

5. 放入烤箱中层烤10分钟待膨胀后，转成180℃烤15分钟左右。

6. 煮牛奶，刮出香草籽和香草荚一起放入牛奶，煮出味道后拿出香草荚。

7. 蛋黄加糖、玉米淀粉搅匀。

8. 把三分之一的牛奶加入蛋黄，不停搅拌，再倒回锅里，拌匀后小火加热，不停搅拌（用刮刀铲底部，用手动打蛋器搅拌）至浓稠状离火。

9. 淡奶油打发和牛奶蛋黄糊混合搅拌均匀。

10. 泡芙底部扎洞，挤入泡芙馅。

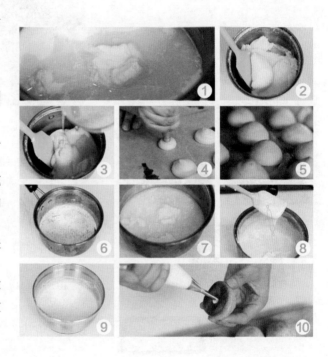

烘焙妙招

烘烤时不要开箱门，否则冷空气进入，泡芙会立即塌陷。

经典奶油泡芙

⏱ 烘焙：20分钟　　🍲 难易度：★★☆

📖 **材 料**

低筋面粉100克，水160毫升，黄油80克，白砂糖5克，盐1克，鸡蛋3个左右，奶油100克

🥄 **做 法**

1 把水、盐、白砂糖、黄油一起放入不锈钢盆里，用中火加热并用搅拌器搅拌，使油脂分布均匀。

2 煮至沸腾，调为小火，一次性倒入低筋面粉。

3 快速搅拌，使面粉和水完全混合均匀，关火。

4 把面糊倒入玻璃碗中将其搅散散热，等面糊稍微冷却之后，分多次加入鸡蛋并搅拌。

5 用长柄刮板将面糊装入裱花袋，挤在垫有烘焙纸的烤盘上，每个面团之间要保持一定距离。

6 把烤盘放入以上火180℃、下火160℃预热好的烤箱，烘烤约20分钟。

7 用电动搅拌器打发好奶油待用。

8 泡芙冷却后，在底部用手指挖一个洞，用小圆孔的裱花嘴插入，在里面挤入打发好的奶油馅即可。

> **烘焙妙招**
> 制作泡芙时，要将面粉烫熟，这是泡芙成功的关键之一。

海绵小西饼

🕐 烘焙：8~12分钟　🍲 难易度：★★☆

📋 材料

蛋黄面糊：蛋黄25克，细砂糖5克，色拉油10毫升，牛奶10毫升，朗姆酒1毫升，低筋面粉20克；**蛋白霜**：蛋白25克，柠檬汁1毫升，细砂糖15克；**奶油馅**：黄油30克，细砂糖10克，朗姆酒1毫升

👨‍🍳 做法

1. 将牛奶、色拉油倒入玻璃碗中搅拌均匀，再将朗姆酒倒入继续搅拌，加入蛋黄、细砂糖拌匀。

2. 加入低筋面粉，搅拌成无粉粒的蛋黄面糊。

3. 另置一玻璃碗，倒入蛋白和细砂糖，搅打均匀，倒入柠檬汁，搅打均匀，制成蛋白霜。

4. 将蛋白霜分2次倒入面糊中，由下而上翻拌均匀。

5. 将混合完成的面糊装入裱花袋中。

6. 取烤盘，铺上油纸，再挤出圆形面糊。

7. 将烤盘放入以上火180℃、下火160℃预热好的烤箱中，烘烤8~12分钟至饼干表面呈现黄色。

8. 把黄油和细砂糖倒入玻璃碗中，拌匀。

9. 加入朗姆酒继续搅拌均匀后制成奶油馅。

10. 将奶油馅挤在两片烤好的饼干中间夹起来即可。

> **烘焙妙招**
> 如果没有朗姆酒，可以用白兰地代替。

焦糖布丁

🕐 烘焙：20分钟　　🍲 难易度：★★☆

🥣 材 料

布丁液：牛奶250毫升，细砂糖50克，鸡蛋110克；**焦糖**：细砂糖75克，水20毫升；**其他**：熔化的黄油少许

🥄 做 法

1　在不锈钢盆里放入细砂糖和水，中火加热，煮到糖水沸腾，继续用中火熬煮。

2　沸腾的糖浆会产生白沫，不要搅拌，即成焦糖。

3　趁热把煮好的焦糖倒入布丁杯里。

4　把牛奶和细砂糖倒入另一玻璃碗里，充分拌匀。

5　加入鸡蛋，并且用搅拌器搅拌均匀，做成布丁液，把搅拌好的布丁液过筛到塑料杯中。

6　在布丁杯的内壁涂上一层黄油，把静置好的布丁液倒入布丁杯。

7　在烤盘里注水，放上布丁杯，将烤盘放入以上火180℃、下火160℃预热好的烤箱，烤20分钟左右，直到布丁液凝固。

8　取出烤好的布丁，冷藏食用味道更佳。

> **烘焙妙招**
> 熬焦糖时要避免出现结晶，也不要煮过头，以免味道发苦。